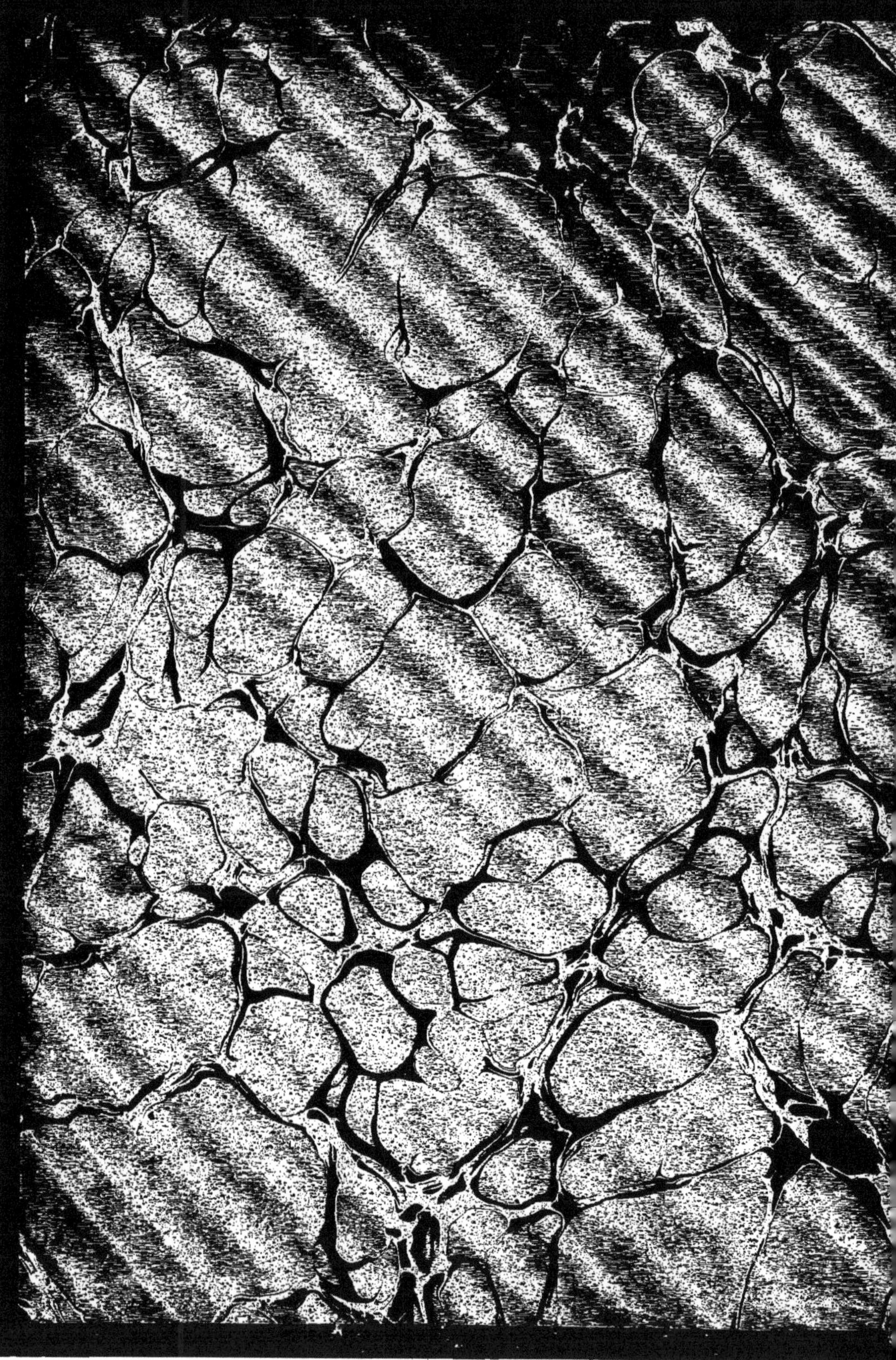

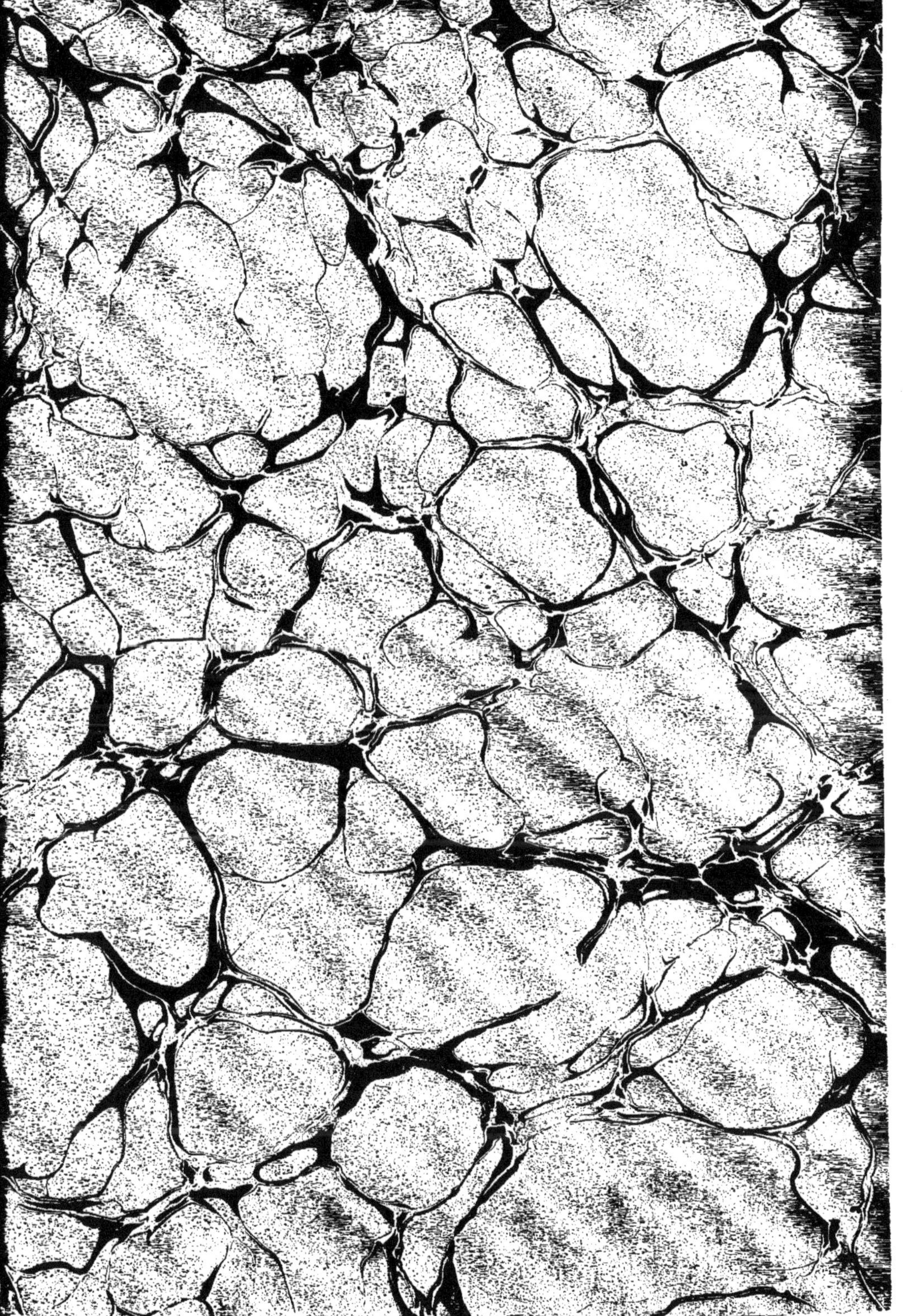

LES

PLANTES

A

FEUILLAGE COLORÉ

TOME SECOND

LES

PLANTES

A FEUILLAGE COLORÉ

HISTOIRE — DESCRIPTION — CULTURE — EMPLOI

DES ESPÈCES LES PLUS REMARQUABLES POUR LA DÉCORATION

DES

PARCS — JARDINS — SERRES — APPARTEMENTS

QUATRIÈME ÉDITION

PRÉCÉDÉE D'UNE INTRODUCTION

PAR

CHARLES NAUDIN

Membre de l'Institut

PUBLIÉE SOUS LA DIRECTION DE J. ROTHSCHILD

TOME SECOND

AVEC 60 CHROMOTYPOGRAPHIES ET 60 GRAVURES SUR BOIS

PARIS

J. ROTHSCHILD, ÉDITEUR

13, RUE DES SAINTS-PÈRES, 13

1880

A MONSIEUR A. ALPHAND

Inspecteur général des Ponts et Chaussées, Directeur des Travaux de la Ville de Paris

MONSIEUR LE DIRECTEUR.

En plaçant sous votre haut patronage ce nouveau Recueil des Plantes à Feuillage coloré, *j'ai désiré surtout rendre hommage à l'ingénieux artiste qui a inauguré une ère nouvelle dans la Jardinique ornementale.*

Votre nom est désormais inséparable de ce progrès récent de l'horticulture, qui nous permet d'admirer dans un cadre restreint des beautés végétales empruntées pour ainsi dire à tous les climats, car c'est sous votre inspiration que la Flore exotique, si splendide de floraisons et de feuillages, a pris possession des jardins de Paris, auxquels il serait difficile de trouver des rivaux en Europe et dans le monde.

J'ose espérer, Monsieur l'Inspecteur général, que cet ouvrage, auquel j'ai donné tous mes soins, ne vous paraîtra pas indigne d'être publié sous vos auspices.

Veuillez en accepter la dédicace et agréer en même temps l'expression du profond respect avec lequel j'ai l'honneur d'être

Votre très humble et très obéissant serviteur,

J. ROTHSCHILD.

NOTE DE L'ÉDITEUR

L'accueil flatteur fait aux éditions successives du tome premier de notre ouvrage sur les *Plantes à Feuillage coloré*, nous détermine non seulement à en publier une quatrième édition, revue et augmentée de nouvelles gravures sur bois, mais aussi à le faire suivre d'un nouveau recueil, exigé par le grand nombre de plantes remarquables introduites depuis lors dans la flore ornementale.

Le texte, retouché par de savants horticulteurs français et étrangers, a subi de nombreuses modifications, principalement dans la description des espèces et les renseignements donnés pour leur culture et leurs emplois horticoles.

Ces modifications nous ont paru nécessaires, parce que nous tenions à offrir au public un ouvrage essentiellement pratique.

De l'aveu de tous les connaisseurs, les gravures en *Chromo* étaient irréprochables, mais quelques-unes des figures sur bois laissaient à désirer pour la correction du dessin. Voulant faire disparaitre cette imperfection de notre ouvrage, nous avons fait refaire ces figures par nos meilleurs artistes; aussi espérons-nous qu'elles ne seront pas trouvées inférieures aux Chromotypographies dont elles font le complément.

Les mêmes soins ont été donnés au second volume, tant pour le texte que pour les figures, dont les modèles ont été pris dans le Fleuriste de la Ville de Paris et dans les principales maisons de Paris, Londres, Gand et Bruxelles.

Ayant fait tous nos efforts pour que cette publication devînt une véritable Œuvre d'art digne d'être offerte aux nombreux souscripteurs de nos publications horticoles, c'est avec une entière confiance que nous leur demandons de vouloir bien nous continuer leurs sympathies et leur appui.

Les Plantes à Feuillage. J. Rothschild, Editeur.

CALATHEA VEITCHIANA.

I

CALATHEA VEITCHIANA.

CALATHEA DE M. VEITCH. (Pl. 1.)

— CANNACÉES. —

A tout seigneur tout honneur, dit le proverbe. Telle est la raison qui a présidé au classement du *Calathea Veitchiana* en tête du deuxième volume d'un ouvrage destiné à faire connaître une série de végétaux aussi variés qu'agréables par les contrastes du feuillage.

Cette plante est, en effet, par la majesté et l'élégance de ses belles feuilles autant que par la richesse de leur coloris, la plus remarquable de ce genre déjà si riche et si brillant en végétaux à feuillage ornemental.

Ainsi que les *Maranta*, dont il porte communément le nom, le *Calathea Veitchiana*, trouvé, dit-on, en Amérique, dans la région ouest du tropique, est une plante herbacée, à feuilles pétiolées, ovales-elliptiques, atteignant jusqu'à 30 centimètres de long sur 20 de large, finement colorées en dessus d'un beau vert brillant, marquées de taches très apparentes d'un vert jaunâtre; en dessous d'un beau violet lie de vin. Elle a un aspect frappant et atteint, dit-on, une hauteur de plus de 60 centimètres.

C'est donc par son feuillage, dont il n'est pas possible de faire ressortir la beauté, que ce Calathea est digne de figurer dans nos serres, et, avec quelques précautions, dans les salons. Dans ce dernier cas, si on veut utiliser la magnificence de cette plante, on ne devra la laisser que pendant quelques jours dans les appartements. Elle sera ensuite replacée dans la serre, où des soins entendus effaceront promptement les traces de la fatigue qu'elle aura subie.

La culture des Calathea est peu difficile. Elle exige : 1° une serre dont l'atmosphère est maintenue humide, dans laquelle on entretient une chaleur de 15 à 18 degrés centigrades et un jour diffus ou un peu sombre; 2° une terre placée sur un fort drainage en poterie brisée, composée moitié terre de bruyère cassée en petites mottes et moitié terreau de feuilles, dans laquelle on placera de petits morceaux de charbon de bois. Pendant la végétation on administrera de fréquents arrosages et bassinages, qu'il faut modérer à l'époque du repos.

La multiplication se fait par la division des souches qui, placées dans de petits pots, seront mises pendant quelque temps sur une couche chaude recouverte d'une cloche.

Les Plantes à Feuillage.

J. Rothschild, Editeur.

ERANTHEMUM IGNEUM.

II

ERANTHEMUM IGNEUM.

ANTHÈME COULEUR DE FEU (FEUILLE); FLEUR D'AMOUR. (PL. 2.)

— ACANTHACÉES. —

Rappelons de suite que cette plante n'ayant pas encore montré ses fleurs, le nom générique d'*Eranthemum* (du grec *eros*, amour, *anthos*, fleur), sous lequel elle est actuellement cultivée et vendue, n'est peut-être que provisoire. Rien ne nous étonnerait si plus tard elle était rattachée au genre *Hypœtes* ou à un autre genre voisin.

Cette curieuse Acanthacée a été trouvée au Pérou, dans des fissures de rochers faisant partie de la haute Cordillère, par

M. Wallis, le zélé explorateur des affluents du fleuve l'Amazone, qui l'envoya à M. Linden, horticulteur à Bruxelles.

C'est une plante basse, à tiges quelque peu rampantes, à feuilles opposées, ovales-allongées, acuminées, recouvertes d'une poussière diamantée, d'un vert foncé noirâtre, obscur, sur lequel la nature, par un véritable tour de force de coloration, a étendu la teinte si à la mode du rouge Bismarck.

En effet, sur cette feuille de couleur vert noirâtre on trouve une large bande, centrale en partie seulement, puisque çà et là elle s'écarte comme si elle voulait suivre les nervures latérales, aussi originale par sa forme que bizarre par son coloris. Cette bande, dont le fond jaune orangé est partiellement recouvert par une teinte plus ou moins rouge rouille, coloris qui lui-même est absorbé jusqu'au milieu du limbe par une belle nuance rouge feu, le tout granulé et d'une harmonie parfaite, cette bande, dis-je, présente les plus beaux contrastes.

Aussi quelles délicieuses bordures de jardinières de salon ou de corbeilles de table on peut faire en mélangeant l'*Eranthemum igneum* avec des Selaginelles ou des Lycopodes dont le feuillage est si léger et si gracieux!

Elle exige une terre de bruyère légère et sableuse, des arrosements et bassinages aussi copieux durant la végétation que modérés pendant le repos.

Sa reproduction s'opère facilement de boutures que l'on place, sous cloche, dans la serre à multiplication.

Observée dans toute sa beauté à l'Exposition universelle de 1867, elle a pris place dans tous les établissements d'horticulture d'Europe, et principalement à Paris chez MM. Thibaut et Keteleer, Lierval, etc.

J. Rothschild, Editeur.

TELEIANTHERA FICOIDEA.

III

TELEIANTHERA FICOIDEA. VAR. VERSICOLOR.

CADELARI FICOÏDE A FEUILLE VERSICOLORE. (PL. 3.)

— AMARANTACÉES. —

Le *Teleianthera ficoidea* type est une bien petite plante, qui a été très souvent baptisée et décrite.

C'est ainsi que, après avoir été présentée par Linné sous le nom de *Gomphrena ficoidea*, par Lamarck sous celui de *Achyranthes ficoidea*, par Desfontaines sous celui de *Paronychia ficoidea*, enfin par Rœmer et Schultes sous celui de *Alternanthera ficoidea*, elle est aujourd'hui généralement connue sous celui de *Teleianthera ficoidea*, qui lui a été donné par Moquin-Tandon.

En outre, chacun de ses nouveaux parrains, comme s'il voulait justifier le changement de noms qu'il opérait, donnait à cette plante un lieu d'origine différent. Ils la faisaient venir les uns des Indes orientales, les autres de l'archipel des Philippines, de Manille, de la Jamaïque, des îles Caraïbes, et enfin du Brésil, d'où paraît vraiment provenir la variété à feuilles de plusieurs couleurs dont ci-contre une belle figure coloriée.

Introduite en Europe par M. Amb. Verschaffelt, notable horticulteur de Gand (Belgique), c'est, d'après le botaniste Lemaire, „une plante basse, touffue, ramifiée, s'élevant à 30 ou 35 centimètres de hauteur; les feuilles sont opposées, brièvement pétiolées, oblancéolées, à peine aiguës, mucronulées, glabres. Le coloris, d'un cuivre rouge sombre, passe bientôt au rose vif, avec des panachures diversement vertes ou cuivreuses entre les intervalles des nervures, etc. L'inflorescence, qui consiste en fleurettes microscopiques, est absolument insignifiante.“

Si, comme on le craint seulement, elle est trop délicate pour être employée l'été dans la décoration des jardins, la brillante et bizarre coloration de son feuillage ainsi que sa diversité et sa disposition buissonnante, en feront le plus bel ornement des serres froides ou des appartements. On en formera de magnifiques bordures et de beaux tapis ou gazons dans les jardins ou dans les serres, et on la disposera sur les bords d'une jardinière ou d'un surtout de table dans les appartements.

Elle exige un bon compost formé d'un tiers terre de bruyère et de deux tiers terreau bien consommé, des arrosements copieux et fréquents pendant l'été, modérés au printemps et à l'automne, presque nuls pendant l'hiver; puis, en toute saison, beaucoup de lumière et d'air.

L'été, mise en pleine terre, elle réclame un sol léger et meuble, les mêmes arrosements et surtout la même exposition, car plus elle sera directement placée sous les rayons du soleil, et plus ses diverses nuances prendront des teintes vives et brillantes.

Multiplication de boutures, sous cloches, dans la serre à multiplication.

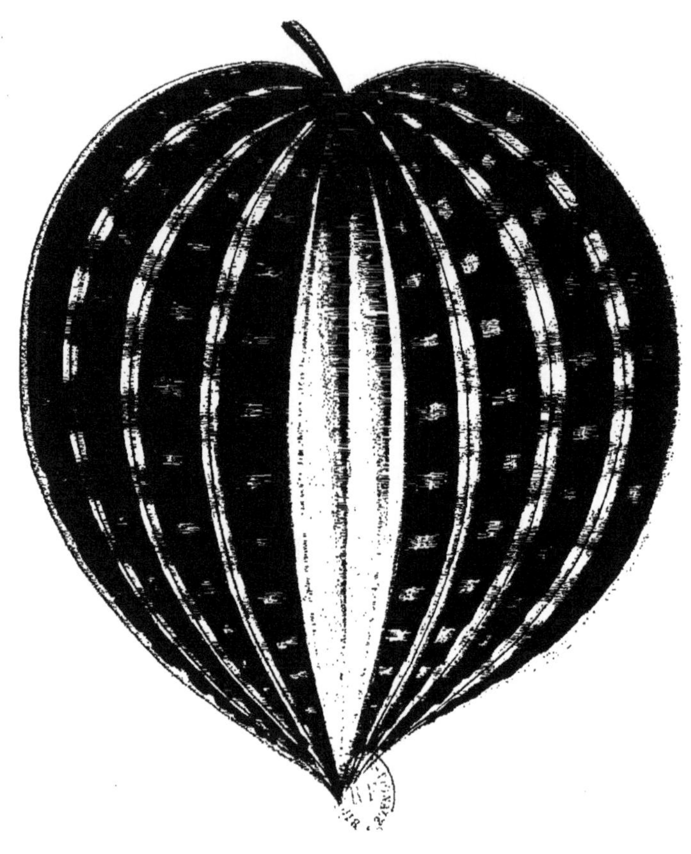

Les Plantes à Feuillage. J. Rothschild, Editeur.

DICHORISANDRA UNDATA.

IV

DICHORISANDRA UNDATA.

DICHORISANDRE ONDULÉ (FEUILLE). (PL. 4.)

— COMMÉLINÉES. —

C'est en pénétrant dans les gorges étroites creusées par les torrents qui descendent de la haute Cordillère pour se jeter dans un des affluents du beau fleuve péruvien l'Amazone, que M. Wallis, l'infatigable voyageur-explorateur-botaniste, trouva, dans les fissures des rochers ou à l'entrée des grottes, cette belle et curieuse espèce de *Dichorisandra* (du grec *dis*, deux fois, *chorizo*, je divise, *andra*, étamine) appelée ainsi parce que les organes mâles sont divisés en deux groupes.

Reçue par M. Linden, dans son établissement horticole de Bruxelles, elle a été désignée par lui sous le nom spécifique de *undata*, pour rappeler par un seul mot le caractère particulier donné par le Créateur au feuillage de cette plante qui, grâce à une sorte de mobilité figurée, ressemble à l'eau agitée par une légère brise et sur laquelle miroiteraient les pâles rayons de la lune, divisés en lames par les nuages ou par l'ombre des arbres.

En effet, tandis que ces feuilles, presque rondes, terminées en pointe, sont transversalement et très régulièrement ondulées, des bandes de couleur vert foncé alternant avec d'autres bandes de couleur vert pâle à reflets argentés les parcourent de la base au sommet.

Ajoutons à cette beauté originale de la page supérieure, que la page inférieure offre le contraste d'un coloris rouge pourpre satiné, et nous aurons esquissé à grands traits seulement les qualités ornementales de cette belle plante, dont la floraison est attendue avec une vive impatience par les amateurs.

Elle est encore trop peu répandue et connue pour qu'il nous soit possible de fixer dès aujourd'hui tout ce que l'on pourra en tirer pour la décoration des appartements. Mais en admettant qu'elle refuse de s'acclimater dans les salons, elle sera toujours un bel ornement pour les serres chaudes, où le cultivateur intelligent profitera, pour en former de belles touffes peu élevées et d'une surface plane, de la prédisposition qu'ont ses tiges et ses feuilles à s'étaler sur le sol.

Elle exige de bonne terre de bruyère un peu sableuse, des arrosements et des bassinages proportionnés à la force végétative. Sa reproduction s'opère par bouture.

Outre dans l'établissement de M. Linden, à Bruxelles, et de M. Veitch, à Londres, cette plante est cultivée à Paris chez M. Lierval, et à Sceaux par MM. Thibaut et Keteleer.

Les Plantes à Feuillage. J. Rothschild, Editeur.

COLEUS VERSCHAFFELTI.

V

COLEUS VERSCHAFFELTI.

COLEUS DE VERSCHAFFELT. (Pl. 5.)

— LABIÉES. —

Découvert dans l'île de Java, et introduit en Europe par M. Jean Verschaffelt, il fut admis avec un véritable enthousiasme dans toutes les collections comme ornement et de serre et de plein air à la fois.

Ce *Coleus*, bien cultivé, s'élève à peu près à 1 mètre, et forme une plante suffrutescente très ramifiée et très touffue, beaucoup plus vigoureuse que le *Coleus Blumei*, de Bentham, avec lequel il fut d'abord confondu. Les branches et pétioles sont pourprés et non verts; les feuilles, beaucoup plus grandes et plus vivement colorées, largement ondulées-crispées aux bords, sont à peine atténuées à la base en pétiole, ou tronquées carrément ou nettement cordiformes-arrondies, ou enfin cordiformes-auriculées, et jamais prolongées, comme chez le *Coleus Blumei*, en un angle deltoïde, formé par une double nervure externe qui part du sommet du pétiole, mais entières également; au sommet elles sont simplement aiguës et non hastées-acuminées; elles sont en outre un peu épaisses, molles-velutineuses, et non membranacées et subcoriaces. Les dents qui les bordent sont beaucoup plus grandes, ovées-obtuses, et non deltoïdes-aiguës; quelquefois elles sont en outre bi- ou tridentulées elles-mêmes. Les pétioles, légèrement ciliés, diffèrent également; au lieu d'être canaliculés, ils sont d'abord méplats, puis dilatés, et tout à fait plans vers le sommet. Les tiges, nettement tétragones, sont presque glabres; les jeunes rameaux sont pubérulents, non seulement aux articulations, mais dans toute leur longueur.

Rien ne surpasse le velouté et la richesse du rouge pourpre-sang qui couvre presque entièrement les limbes foliaires, et envahit même jusqu'aux dents du bord, qui sont d'un vert plus ou moins clair. Chaque branche, chaque ramule même se termine par une très longue grappe de très nombreuses fleurs assez petites, et groupées, serrées, au nombre de sept ou huit, en forme de verticille.

La culture de la plante est des plus faciles. Des vases un peu larges et profonds, un bon et épais drainage; une terre riche et substantielle, si on la tient en serre; mais il vaut mieux la planter en plein air, à bonne exposition et dans une bonne terre de jardin, dès qu'arrive la belle saison. Comme sa beauté consiste dans la richesse de sa panachure, on aura soin, pendant sa jeunesse, d'en pincer une ou deux fois les rameaux, au tiers ou aux deux tiers de leur longueur, selon la force, afin de les faire ramifier plus abondamment. A l'automne, on la relèvera de la pleine terre pour la faire hiverner dans une bonne serre tempérée, ou dans la serre chaude ordinaire. Il va de soi qu'on l'aura *rabattue* et qu'on en aura *rafraîchi* les racines, avant de la rempoter.

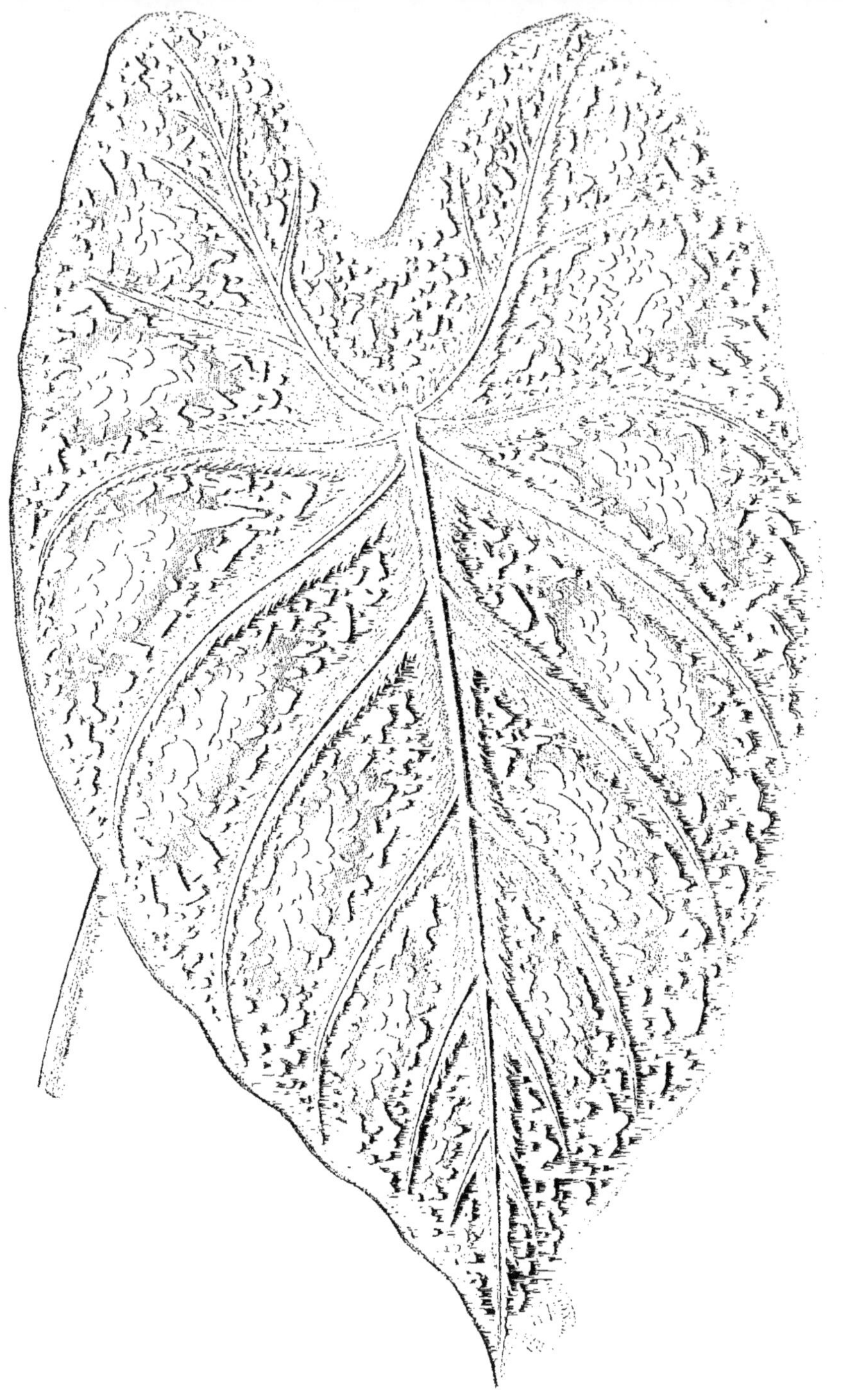

Les Plantes à Feuillage.

J. Rothschild, Editeur.

CALADIUM MIRABILE.

VI

CALADIUM MIRABILE.

CALADION ADMIRABLE. (Pl. 6.)

— AROÏDÉES. —

Tous ces admirables *Caladium* qu'on voit aujourd'hui dans les collections sont en général des variétés de l'ancien mais toujours jeune et beau *Caladium bicolor;* et quand on les compare au type, on ne peut s'empêcher d'admirer profondément la puissance créatrice de la nature, et de s'incliner devant ses merveilles toujours renaissantes et toujours nouvelles.

La plupart, pour ne pas dire toutes, ont été découvertes et introduites dans ces derniers temps en Europe par M. Baraquin, zélé collecteur français, directeur d'un jardin d'expérience et d'acclimatation au Brésil. C'est surtout dans la province de Para et sur les rives du vaste fleuve des Amazones qu'il rencontra dans ses nombreuses excursions ces espèces ou variétés.

Celle dont il s'agit est une de ses plus intéressantes trouvailles. Ses feuilles, portées par de longs pétioles verts, immaculés, sont peltées, cordiformes à la base, puis largement ovées, subacuminées-aiguës au sommet. Elles atteignent d'assez grandes dimensions, soit de 25 à 30 centimètres et plus, sur 12 à 15 centimètres de diamètre. Les nervures principales sont largement bordées-frangées de vert clair, et leurs intervalles criblés de petites macules irrégulières et de petits points d'un blanc pur: le tout tranchant sur le vert foncé et luisant du fond.

Notre dessin a été exécuté d'après les beaux spécimens de M. Lierval, un des horticulteurs les plus riches en plantes à feuillage coloré.

La culture de ces *Caladium* de serre chaude n'est point difficile, mais elle exige quelques précautions et un peu de surveillance.

On peut les élever dans une sorte de petite plate-bande, remplie de terre de bruyère ou de bois, mélangée avec un bon tiers de terre franche, mi-partie avec de la terre de fossés: on en fera une couche de 20 à 25 centimètres au-dessus d'un drainage épais, composé de fragments de platras, de tuiles ou de briques. On plantera les tubercules à environ 10 centimètres de profondeur. Si on les tient en pots, pour jouir de la vue de ces végétaux en appartement, mêmes procédés, même culture; mais nécessairement, pour hâter la végétation, les pots auront au préalable été plongés dans une couche chaude.

La température de la serre sera d'au moins 20 à 25 degrés R.; arrosements fréquents pendant la période de vie, et devant cesser lors de la fanaison des feuilles. Les tubercules mis en pleine terre seront relevés tous les deux ou trois ans pour en détacher les jeunes qui se seront formés, et qu'on traitera aussitôt comme pieds mères. Ceux en pot seront dépotés tous les ans dans ce but, et replantés dans une terre nouvelle. Ces opérations devront être pratiquées vers la fin de décembre ou en janvier.

Les Plantes à Feuillage. J. Rothschild, Édit.

PELARGONIUM ZONALE

VII

PELARGONIUM ZONALE. VAR. QUADRICOLOR.

PÉLARGONIER ZONAL QUADRICOLORE. (PL. 7.)

— GÉRANIACÉES. —

Les *Pelargonium*, originaires du cap de Bonne-Espérance, ont été introduits en Europe dès les premières années du siècle dernier. Tenus dans de grands vases et légèrement rabattus, on en forme de charmants arbrisseaux taillés en boule, dont le beau feuillage, les myriades de fleurs, en général d'un pourpre éclatant, sont d'un effet hautement décoratif pour les péristyles, perrons, parcs et jardins.

Les jardiniers français et anglais, par des soins répétés, par cette sagacité qui distingue éminemment les horticulteurs modernes, ont obtenu en ce genre des succès merveilleux. Il serait long et oiseux de donner ici une liste des variétés obtenues, toutes fort belles, au coloris si varié, passant par toutes les nuances du rouge, de l'incarnat et du blanc pur.

Celle dont il s'agit, gagnée originairement par feu Lebois, amateur à Toulouse, est arrivée plus tard chez M. A. Verschaffelt, qui l'a répandue dans le commerce; on s'apercevra bien vite qu'elle est proche parente de *Mistriss Pollock*, dont elle égale les vives couleurs de panachure.

La culture de ces *Pelargonium* n'offre aucune difficulté. Comme ce sont des plantes molles et succulentes, elles redoutent excessivement la gelée. Placées dans les jardins au mois de mai, il faut les relever en motte vers la fin d'octobre pour les abriter dans une orangerie, ou sous châssis froids, ou enfin dans un lieu quelque peu éclairé, où la gelée ne puisse pénétrer. On les rabattra jusque près des vieilles branches; elles n'en repousseront que plus vigoureusement, si on a soin, pour rétablir l'équilibre, de rafraîchir les racines; puis on les placera dans des vases un peu étroits, pour les remettre en place au printemps.

La multiplication a lieu par le semis, en terrine, sous cloche, en châssis, pour gagner par là de nouvelles variétés; ou plus facilement encore et plus promptement par le bouturage des rameaux, fait soit à l'ombre en pleine terre, en août, soit à l'abri d'une cloche ou d'un châssis.

Les Plantes à Feuillage. J. Rothschild, Editeur.

DRACAENA TERMINALIS.

Var. Stricta.

VIII

DRACÆNA TERMINALIS. VAR. STRICTA.

DRAGONNIER TRICOLORE PYRAMIDAL. (PL. 8.)

— LILIACÉES. —

Il existe dans la nomenclature systématique plusieurs *Dracæna terminalis;* le seul auquel nous ayons affaire en ce moment, est le *Dracæna terminalis* de Reichenbach père et de Lindley, etc., etc., que M. Planchon réunit plus tard, et avec raison, au nouveau genre CALODRACON[1].

[1] Les *Cordyline*, les *Charlwoodia*, les *Calodracon*, etc., sont en effet distincts des *Dracæna*.

Le *Calodracon terminalis* (tel est son véritable nom botanique) ou *Dracæna terminalis*, est un arbrisseau élancé, assez grêle, pouvant atteindre 3 ou 4 mètres, peu ramifié, et en raison de sa tige allongée, terminée par un belle touffe de feuilles (*terminalis*), il imite assez bien l'habitus d'un palmier.

La tige et les rameaux sont annelés, à cause de la caducité des pétioles; les feuilles sont assez étroitement lancéolées, minces, mais membranacées, subacuminées au sommet, subatténuées et décurrentes à la base en un long pétiole canaliculé, à bords amincis, dilatés, amplexicaules à la base, et alternant en une spirale étroitement imbriquée; à bords ténus, un peu ondulés, elles atteignent 30 à 35 centimètres de longueur, sans le pétiole, sur un diamètre proportionnel. L'inflorescence consiste en une panicule peu ramifiée, haute de 30 à 35 centimètres, disposée en racème; les fleurs, petites, assez jolies, sont d'un blanc rosé ou violacé.

Mais ce qui fait le charme de la plante, c'est la splendeur du coloris cocciné, brillant, luisant de ses feuilles, laissant à peine quelque place au vert du fond, dépassant sous ce rapport celui du type, et d'un effet admirable dans une collection de serre et pour l'ornement des salons.

Nous ne savons à quelle allusion se rapporte l'épithète *stricta* (dressé) : le type, comme sa variété, ayant des feuilles *dressées*, rigides, pendantes seulement pendant la vieillesse. L'un et l'autre exigent la serre chaude, une bonne terre riche et meuble, et se multiplient par les rares drageons qu'ils donnent au pied, ou par les rejetons qui se produisent sur le tronc et au sommet, quand on en a coupé la tête dans ce but, au-dessus des feuilles, tête dont le bouturage réussit aisément à chaud et sous cloche.

Nous remercions M. Alphand, directeur de la Voie publique et des Plantations de la ville de Paris, qui a bien voulu nous permettre de copier une aquarelle faite par M. Lambotte, dessinateur très habile, attaché à ce service.

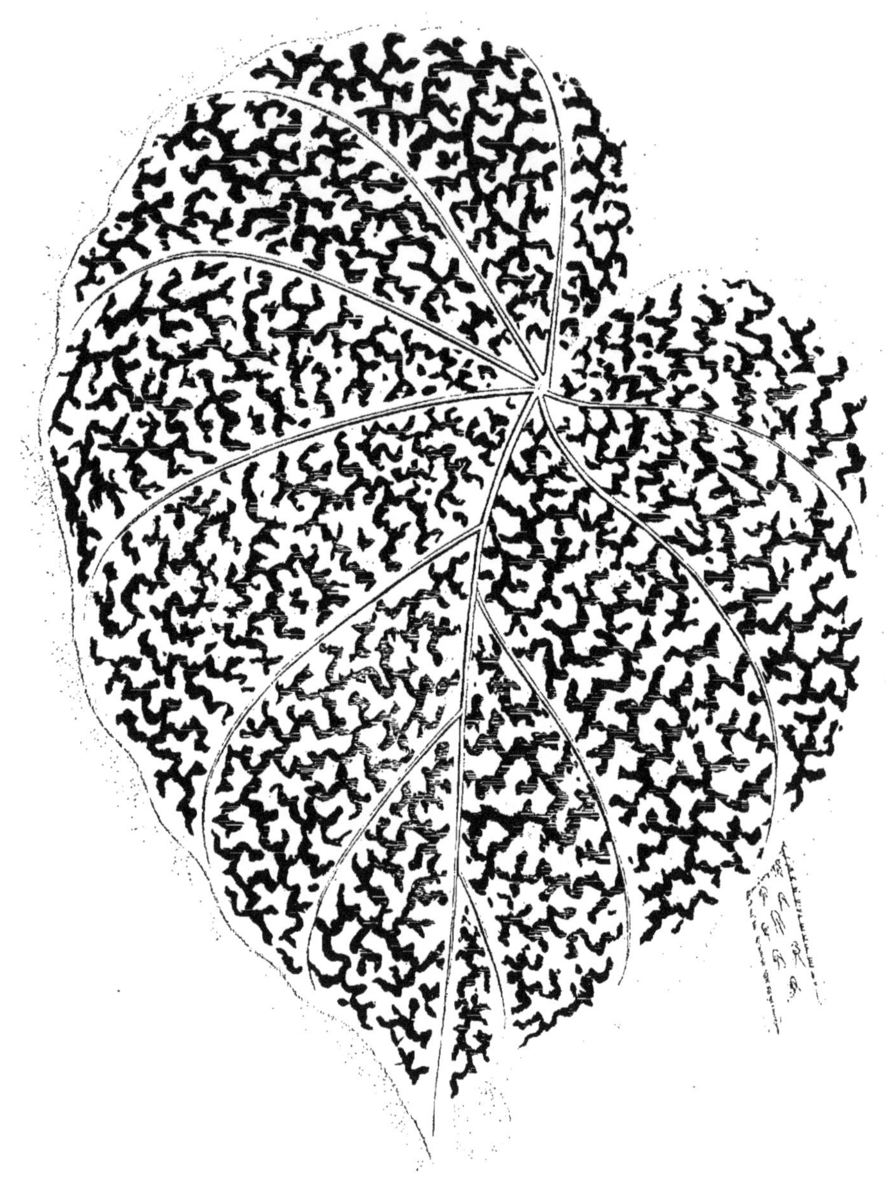

Les Plantes à Feuillage.

J. Rothschild, Editeur.

BEGONIA DAEDALEA.

IX

BEGONIA DÆDALEA.

BÉGONIA A VEINES EN DÉDALE. (PL. 9.)

— BÉGONIACÉES. —

Ch. Lemaire, déterminant et décrivant le premier cette magnifique espèce, n'a pas craint de dire d'elle : „*C'est la perle, le bijou de tous les Bégonias passés, présents, nous oserions presque dire : futurs.*

Le nom spécifique exprime bien le réseau très serré, ramifié, *vermiculaire*, des nervures d'un beau brun qui ornent la face supérieure des feuilles, et tranchent sur leur vert clair et luisant.

La tige est robuste, rampante, très épaisse, très glabre, rougeâtre ; sous chaque pétiole se remarquent plusieurs petites gibbosités blanches (*glandes !*). Les stipules sont cartilaginacées, très minces, dilatées-deltoïdes à la base et terminées par une longue soie. Les pétioles, qui n'ont pas moins de 25 à 30 centimètres de long, d'un jaune verdâtre (rouge cocciné pendant la jeunesse), sont ponctués de rouge vif et hérissés de poils concolores, ou plutôt de squamules grandes, planes, plusieurs fois profondément fendues, blanches à la base, coccinées ensuite, horizontales ou subdéfléchies, solitaires, plus rarement géminées ou ternées.

Les feuilles, longues de 20 centimètres sur 15 de large et plus, sont peltées, charnues, subconvexes en dessus, arrondies à la base, et là fortement et obliquement cordées (les deux lobes se recouvrant l'un l'autre), d'un beau vert olivacé; très glabres en dessus, elles sont en dessous luisantes et munies de poils épars, plus ou moins semblables à ceux des pétioles.

Les fleurs, disposées comme dans le genre, composent une petite panicule dichotoméaire, plus courte que les pétioles; toutes les divisions en sont vivement striées et colorées de rouge, mais glabres.

Les fleurs mâles et femelles sont disposées sur les mêmes rameaux, les premières au sommet, et sont toutes conformes et dipétales. Les jeunes fruits, à trois longues ailes subulées, sont à la fois roses, blancs, verts et piquetés de cramoisi.

La plante a été introduite chez M. A. Verschaffelt, par M. Ghiesbreght, parcourant le continent tropical américain.

La culture des Bégonias est tellement répandue aujourd'hui, qu'il est à peine utile d'en dire ici quelques mots. Les espèces rampantes exigent des vases beaucoup plus larges que profonds, où elles puissent étaler à leur aise leur longue tige demi-souterraine et ramifiée; celles dressées, des vases plus étroits, mais proportionnés aux dimensions qu'elles doivent acquérir. Les unes et les autres devront être rempotées au moins deux fois par an, la première, avant le renouvellement de la végétation, la seconde, après la floraison.

Pendant toute la belle saison on les laissera dans une bonne serre tempérée, pour les rentrer pendant l'hiver en serre chaude. La multiplication est des plus faciles par la séparation des drageons ou le bouturage des rameaux, et même au besoin par celui des feuilles ou section de feuilles, mais toujours à chaud et sous cloche.

Les Plantes à Feuillage.

J. Rothschild, Éditeur.

SAXIFRAGA FORTUNEI.

Var. Tricolor.

X

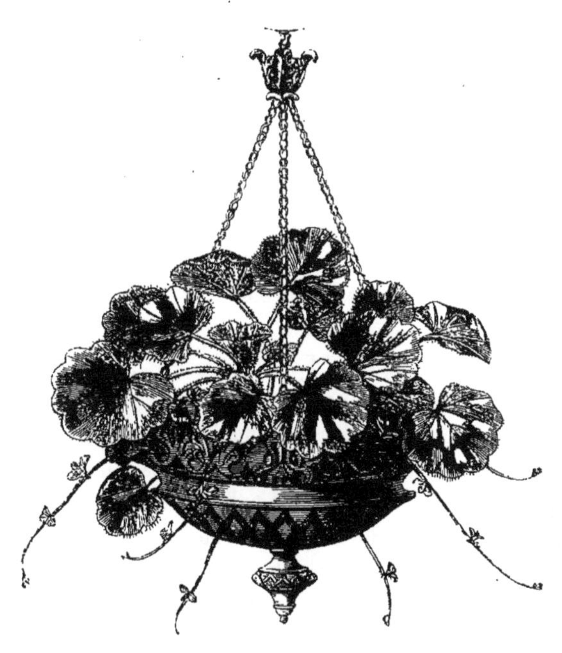

SAXIFRAGA FORTUNEI. VAR. TRICOLOR.

SAXIFRAGE DE FORTUNE A FEUILLES TRICOLORES. (PL. 10.)

— SAXIFRAGACÉES. —

Encore une merveille à ajouter à celles que nous offrent les plantes dites à feuilles panachées !

On doit la découverte et l'introduction en Europe du type[1] et de sa belle variété, dont nous nous occupons ici, au célèbre voyageur-botaniste Fortune, qui a enrichi nos jardins et nos serres d'un si grand nombre de superbes et intéressantes plantes chinoises et japonaises.

Par son port, son feuillage, son inflorescence, elle rappelle la *S. sarmentosa*, cette ancienne habitante de nos jardins, mais tou-

[1] Aucune différence n'existe entre lui et sa brillante variété, que la panachure des feuilles de celle-ci ; chez le premier, les feuilles sont d'un vert nuancé.

jours favorite, malgré la mode, qui fait si souvent rejeter de belles et bonnes plantes, pour leur en substituer d'autres qui ne les valent pas. Comme celle-ci, elle est vivace, acaule, abondamment stolonifère. Ses feuilles, toutes radicales et disposées en rosette, sont portées par de longs et larges pétioles plans, embrassants à la base, charnus, hérissés de poils courts, disposés en éventail. Les limbes, ou feuilles proprement dites, sont réniformes-arrondis, assez profondément échancrés-cordiformes, convexes, un peu charnus, multilobés. Le dessous est d'un vert pâle et criblé de petits points roses, un peu saillants, visibles également en dessus. Là, le beau vert est envahi, découpé, lacinié, ou même entièrement bordé par de larges teintes ou macules d'un rose tendre ou vif, ou d'un pourpre éclatant ; ces coloris bordent les lobes et les dents, et sont plus ou moins vifs en dessous.

Ses fleurs, très semblables aussi à celles de l'espèce comparée, sont disposées en une longue panicule à nombreuses divisions distantes. Le calice est très court, turbiné ; les trois supérieurs de ses cinq sépales sont lancéolés, d'un beau rose, fasciés de larges bandelettes cramoisies, avec une macule jaune d'or à la base ; les deux autres, beaucoup plus grands, sont lancéolés-elliptiques, pendants, très allongés, d'un blanc de neige, quelquefois teintés de rose tendre.

Comme la *Saxifraga sarmentosa*, on tiendra celle-ci soit en vases ordinaires, soit dans les *suspensions*. Elle est vivace comme elle, très rustique, et pourrait supporter nos hivers à l'air libre, en pleine terre (de bruyère) ; mais il sera plus prudent de la rentrer en orangerie, ou sous châssis froids.

Les Plantes à Feuillage. J. Rothschild, Editeur.

MARANTA ROSEO-PICTA.

XI

MARANTA ROSEO-PICTA.

MARANTA A VEINES ROSES. (Pl. 11.)

— MARANTACÉES. —

Cette charmante et mignonne espèce appartient aussi à la nombreuse collection de *Marantacées* trouvées par M. Wallis sur les bords des cours d'eau de l'Amérique du Sud, dans les grandes et sombres forêts entre Iquitos et Moreto, et envoyées à M. Linden à Bruxelles.

On distingue le *M. roseo-picta* à sa taille naine, à peine plus élevée que celle du *M. illustris*. Son port est dressé; les pétioles, engainants sur la moitié de leur longueur, sont d'un beau violet rouge ainsi que le dessous des feuilles. Leur longueur totale est de 20 à 30 centimètres, et le limbe est toujours un peu plus court que les pétioles, quand la plante est bien cultivée.

Ce limbe est plan, ovale-obtus, largement mucronulé, creusé en gouttière et ondulé sur le bord de la moitié plus large de la feuille. Il porte en dessous une teinte vert intense ou vert de mer, uniforme, brillant, divisé par une nervure médiane canaliculée rouge pourpre, et une zone périphérique discontinue, distante de 2 centimètres du bord de la feuille, d'un rose vif parfois plus pâle de distance en distance. Cette zone se voit en transparence par dessous la teinte violet-rouge du dessous, quand on l'interpose entre l'œil et la lumière.

Si les plantes à feuillage coloré n'étaient venues charmer nos regards depuis quelques années par les nuances les plus variées, les plus délicates et les plus brillantes à la fois, si bien qu'elles n'ont plus rien à envier aux fleurs, on se ferait difficilement une idée des tons délicieux que revêtent certaines espèces de *Mélastomacées*, d'*Aroïdées*, et de ces *Marantacées* parmi lesquels nous comptons aujourd'hui le *M. roseo-picta.*

La culture de toutes ces espèces est à peu près identique, et l'expérience seule pourra donner les moyens de cultiver mieux une espèce ici que là. Mais le traitement du *M. illustris* conviendra de tout point au *M. roseo-picta*, qui lui ressemble par le port et la végétation. (Voir la planche 18, pages 39 et 40.)

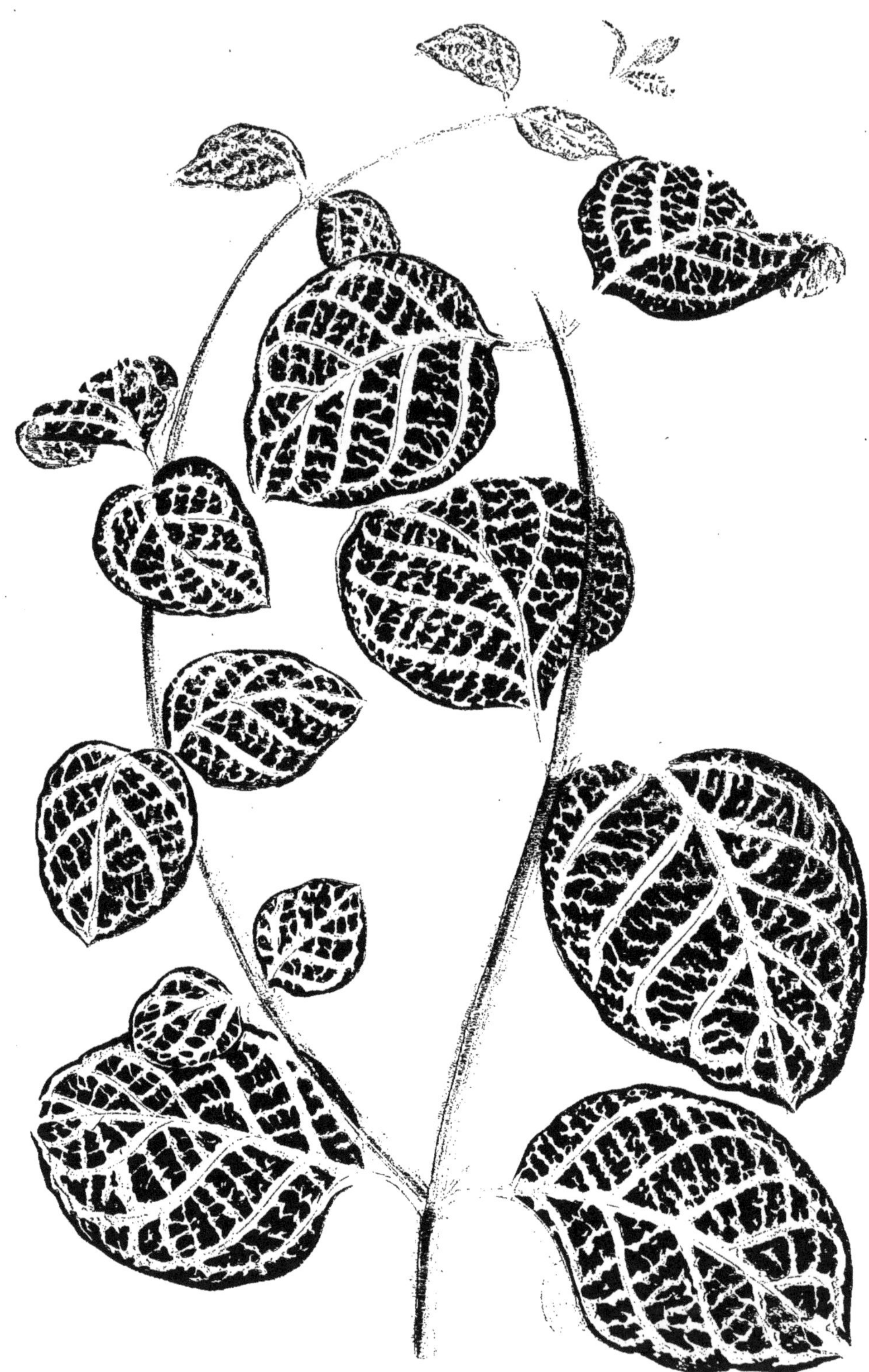

Les Plantes à Feuillage.

J. Rothschild, Editeur.

LONICERA BRACHYPODA.

Var. Aureo-reticulata.

XII

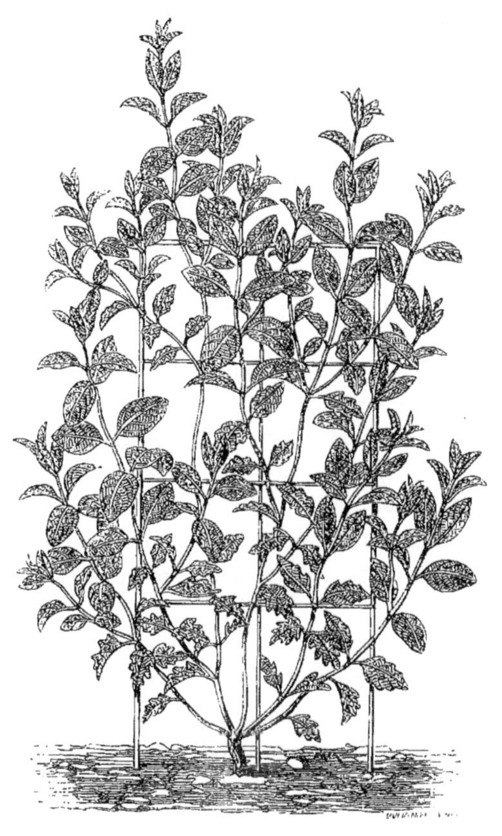

LONICERA BRACHYPODA (?). VAR. AUREO-RETICULATA.

CHÈVRE-FEUILLE A RÉSEAU D'OR. (PL. 12.)

— CAPRIFOLIACÉES. —

Le *Lonicera brachypoda* [1], var. *aureo-reticulata* (laissons-lui provisoirement le nom sous lequel il est répandu maintenant dans

[1] On regrette de lire dans un journal horticole pour 1862 un article *extrêmement* acerbe, contre *le* ou *les* déterminateurs de cette plante; nous ne les connaissons pas et n'avons pas à les défendre. Toutefois l'auteur de cette note, en démontrant qu'elle n'est pas le *L. brachypoda* de De Candolle, lequel est à tige dressée,

tous les jardins), est une plante récemment introduite du Japon par Van Siebold, en Angleterre et sur le continent (en Belgique); c'est dans le premier de ces pays qu'on lui a donné le nom erroné qu'elle porte, et qu'on lui a conservé dans le second. Est-elle nouvelle? ce n'est guère probable; mais on ne pourra décider la question que lorsqu'on en aura examiné les fleurs.

C'est une plante essentiellement rustique, volubile, n'acquérant toutefois qu'une faible hauteur. Les rameaux en sont très nombreux, grêles, bruns, couverts d'une pubescence veloutée, dense. Les feuilles en sont petites (3 à 3 1/4 centimètres), ovales, submucronées au sommet, très entières, glabres sur les deux faces, mais imperceptiblement ciliées aux bords, et avec quelques poils assez rudes, épars en dessous sur la nervure médiane : d'un vert gai et ornées en dessus d'un véritable réseau jaune d'or, qui se montre également en dessous, mais là très pâle. Les pétioles très courts, opposés, subdécussés, sont canaliculés en dessus et ciliés-velus.

N'ayant rien à redouter de nos plus rudes hivers, toute exposition, tout terrain lui sont indifférents. Elle prospérera livrée à elle-même sur des tonnelles, des treillages, etc. Dans les corbeilles ou parterres, elle s'enroulera spontanément à de *grands* tuteurs enfoncés dans le sol et liés en pyramide au sommet : elle fera là plus d'effet encore qu'autrement.

Nous ne devons pas omettre de dire ici quelques mots des feuilles inférieures du *Lonicera brachypoda* (??) en question : elles sont fort différentes des supérieures; celles-ci sont, comme nous l'avons dit, parfaitement entières; celles-là, lobées comme les feuilles de certains *Cratægus*.

la rapporte au *L. longiflora* du même; mais comme *par mégarde* ce savant enregistre deux *L. longiflora*, dont les descriptions diffèrent à peine, avec laquelle faut-il l'identifier? De plus, De Candolle dit ces deux plantes *glabres:* celle dont il s'agit est entièrement velue-pubescente, *les feuilles oblongues, lancéolées:* elles sont nettement ovales et un peu aiguës dans celle-ci, etc. Enfin, l'auteur de ladite note en décrit les fleurs (qu'il n'a pas vues) d'après le savant et regretté Génevois; mais ni l'un ni l'autre n'ont parlé des formes des feuilles inférieures. La critique a du bon (*errare humanum est*), mais il faut qu'elle soit *juste* et *modérée.*

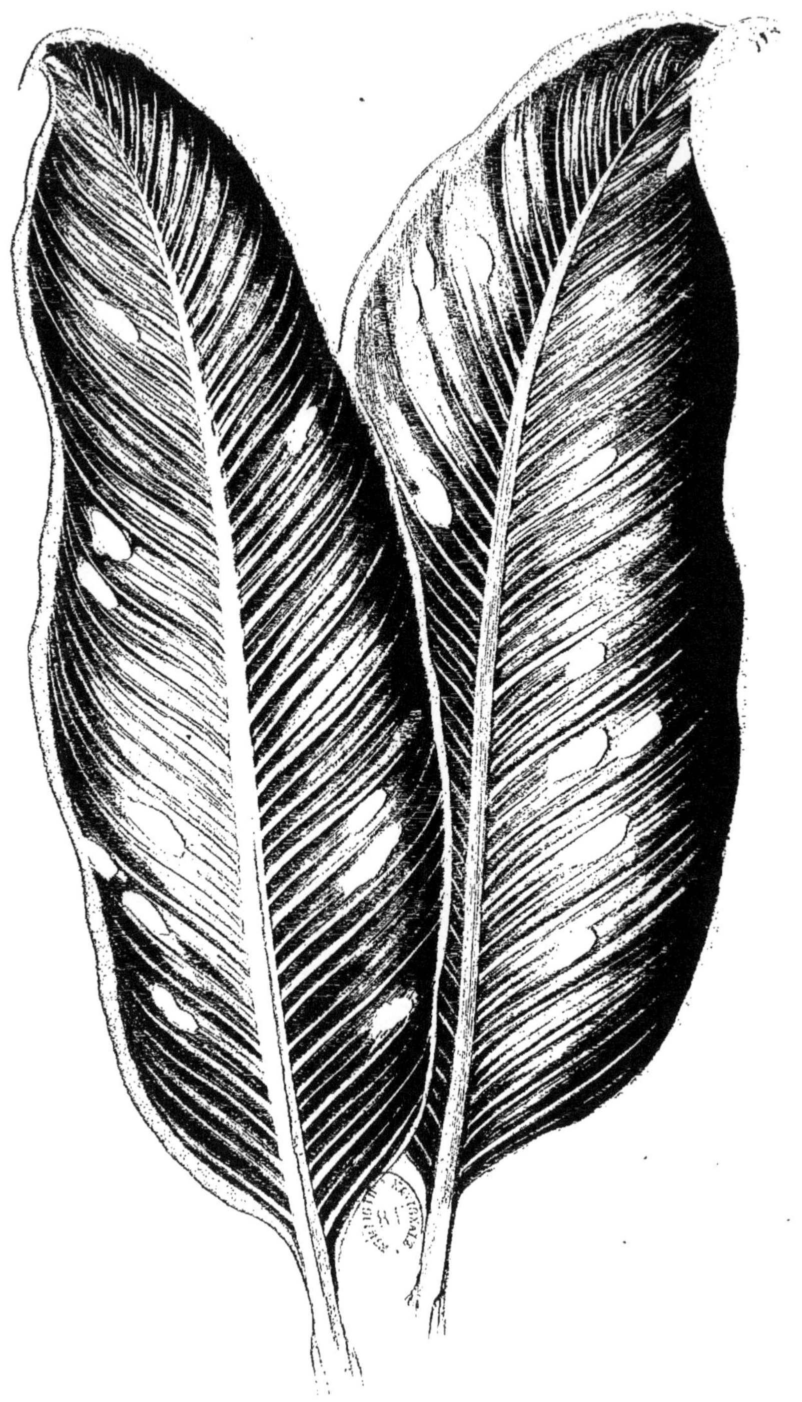

Les Plantes à Feuillage. J. Rothschild, Editeur.

DIEFFENBACHIA BARAQUINIANA.

XIII

DIEFFENBACHIA BARAQUINIANA.

DIEFFENBACHIE DE BARAQUIN. (Pl. 13.)

— AROÏDÉES. —

Dans la seconde moitié de ce siècle, la famille des Aroïdées (ou *Aracées*) a eu le privilège de fournir à nos collections des plantes dont le feuillage ornemental, en raison des brillantes couleurs qui le panachent, ont toujours surpris, étonné les amateurs. Qui, en effet, pourrait refuser le tribut de son admiration aux *Caladium*, aux *Alocasia*, etc., par exemple, venus dans ces derniers temps?

Dans le genre *Dieffenbachia*, on ne connaissait depuis longtemps que le *D. Seguine picta*, lorsque les *D. Baraquiniana* et *gigantea*, avec leurs grandes dimensions et la riche panachure de leurs feuilles et de leurs pétioles, sont venus enrichir nos collections.

Le premier, dont il s'agit ici, a été dédié par le rédacteur de l'*Illustration horticole* à l'introducteur, M. Baraquin, qui l'avait découvert dans le Brésil (province de Para), d'où il l'a envoyé à la maison A. Verschaffelt (de Gand).

Le stipe ou caudex de cette belle plante atteint au moins 1 $^1/_2$ mètre de hauteur, sur un diamètre de 5 à 8 centimètres ; il est annelé et par là imite *la canne à sucre*. Les pétioles, longs, robustes et embrassants par leur base, sont d'un blanc d'ivoire pur à peine interrompu de chaque côté par une petite bordure d'un vert clair. Les feuilles, ovées-oblongues, inéquilatérales à la base, n'ont pas moins de 12 à 15 centimètres de diamètre. La nervure médiane est blanche comme les pétioles, et entre les nervules serrées et parallèles se voient de nombreuses macules, blanches aussi et tranchant également sur le beau vert brillant du fond.

La culture de cette plante de serre chaude, ou de bonne serre tempérée, est facile. Elle se réduit, si on veut l'avoir belle, à tenir la plante dans deux périodes différentes — végétation et repos. Un compost de terre de bruyère tourbeuse, bien drainer le vase dans lequel on la cultive et donner des arrosements fréquents pendant la végétation. La multiplication s'opère par tronçons de tiges, que l'on obtient en la décapitant et en bouturant la tête. Le stipe repousse des yeux ou bourgeons nombreux, que l'on bouture à leur tour sous cloche à l'étouffée dès qu'ils ont développé deux ou trois feuilles.

Les Plantes à Feuillage.

J. Rothschild, Editeur.

ERANTHEMUM SANGUINOLENTUM.

HYPOESTES SANGUINOLENTA.

XIV

ERANTHEMUM ou HYPOESTES SANGUINOLENTA.

HYPESTE A FEUILLES VEINÉES DE ROUGE-SANG. (Pl. 14.)

— ACANTHACÉES. —

Les auteurs qui nous ont précédé ne nous apprennent rien de son histoire ; ils se contentent de rapporter qu'on la dit originaire de Madagascar, et introduite en premier lieu chez MM. Veitch, horticulteurs à Chelsea (Londres), auxquels nous devons notre aquarelle. Elle a figuré pour la première fois dans la *Flore des serres* sous le nom impropre d'*Eranthemum sanguinolentum :* erreur réfutée par W. Hooker, prouvant qu'elle n'a *rien de commun* avec ce genre. Du reste, nous l'avons dit plus loin en traitant d'une autre plante de la même famille (*Gymnostachyum Verschaffelti*), et feu M. Hooker était de cet avis ; il s'exprime ainsi : „Dans l'état actuel de confusion où se trouvent les genres d'Acanthacées, il n'est pas aisé de déterminer celui auquel doit appartenir cette plante.“ Mais là n'est pas l'important ; il s'agit ici d'une plante éminemment ornementale.

C'est une plante suffrutiqueuse de 20 à 30 centimètres de hauteur, subramifiée, anguleuse, tétragone-aiguë, pubescente, tomenteuse, surtout aux angles. Feuilles distantes, obovées-oblongues, obtuses au sommet, rétrécies en pétiole à la base, à bords très entiers, subondulés, et pubescentes sur les deux faces (0,08+0,04). Les fleurs (*résupinées* d'après l'auteur, mais *verticales* d'après la figure), *d'un rouge pâle*, composent une panicule dressée, terminale, haute de 10 à 16 centimètres. Calice de quatre sépales linéaires-subulés, fendus jusqu'à la base, velus. Corolle bilabiée; lèvre supérieure trilobée; l'inférieure entière, subcarrée, apiculée; gorge blanche, avec deux lignes hémisphériques d'un pourpre noirâtre. Deux étamines, fertiles; anthères uniloculaires. Ovaire hispide au sommet; stigmate bifide, etc.

En raison de son habitat, cette plante demande une assez grande somme de chaleur, une terre légère, riche en humus, un bon drainage, des arrosages ou des seringages fréquents. Multiplication facile par le bouturage à chaud et à couvert.

Les Plantes à Feuillage. J. Rothschild, Editeur.

GYMNOSTACHYUM VERSCHAFFELTI.

XV

GYMNOSTACHYUM VERSCHAFFELTI.

GYMNOSTACHYE DE VERSCHAFFELT. (Pl. 15.)

— ACANTHACÉES. —

Le *Gymnostachyum* dont il s'agit a été rapporté avec un doute légitime à ce genre par l'auteur (Ch. Lemaire, *Ill. hortic.*, X, pl. 372), qui a hésité à en faire un genre nouveau : ce qu'a exécuté un autre plus hardi (mais rationnellement? c'est une question qui ne peut être discutée ici) sous le nom de *Fittonia*.

On a voulu, en outre, en faire un *Eranthemum;* or, pour ceux qui connaissent la difficulté de la détermination des Acanthacées exotiques, ces tâtonnements, ces hésitations n'auront rien d'étonnant.

Quoi qu'il en soit, le *Gymnostachyum* (ou *Fittonia?*) *Verschaffelti*, nom sous lequel il est généralement répandu dans les jardins, est une admirable petite plante. On en attribue la découverte et l'introduction en Europe à M. Baraquin, collecteur au Brésil; elle fut envoyée récemment à l'établissement A. Verschaffelt, à Gand, et à celui de MM. Veitch, à Londres, auxquels nous devons notre aquarelle.

C'est une petite plante basse, à rameaux cylindriques, mais subtétragones, couverts aux entre-nœuds de poils laineux, mous et denses; rampants sur le sol et bientôt ascendants, et terminés par un épi floral allongé; à feuilles opposées, décussées, distantes, assez grandes, ovées-lancéolées, légèrement aiguës au sommet, étroitement cordiformes à la base, glabrescentes et d'un beau vert en dessus, pâle en dessous. Elles sont portées par de larges pétioles plans et canaliculés en dessus, ciliés, laineux aux bords. Le réseau qui les couvre est d'un brillant coloris cramoisi, et se compose de très nombreuses nervures et nervules anastomosées.

Cette jolie plante ne demande que peu de soins pour sa culture. En raison de son habitus rampant, on la cultivera en pots beaucoup plus larges que profonds, bien drainés, et qu'on remplira d'une terre légère (terre de bruyère ou de bois), mêlée à un peu de terreau de fumier bien consumé. Multiplication par le bouturage des rameaux à chaud et sous cloche.

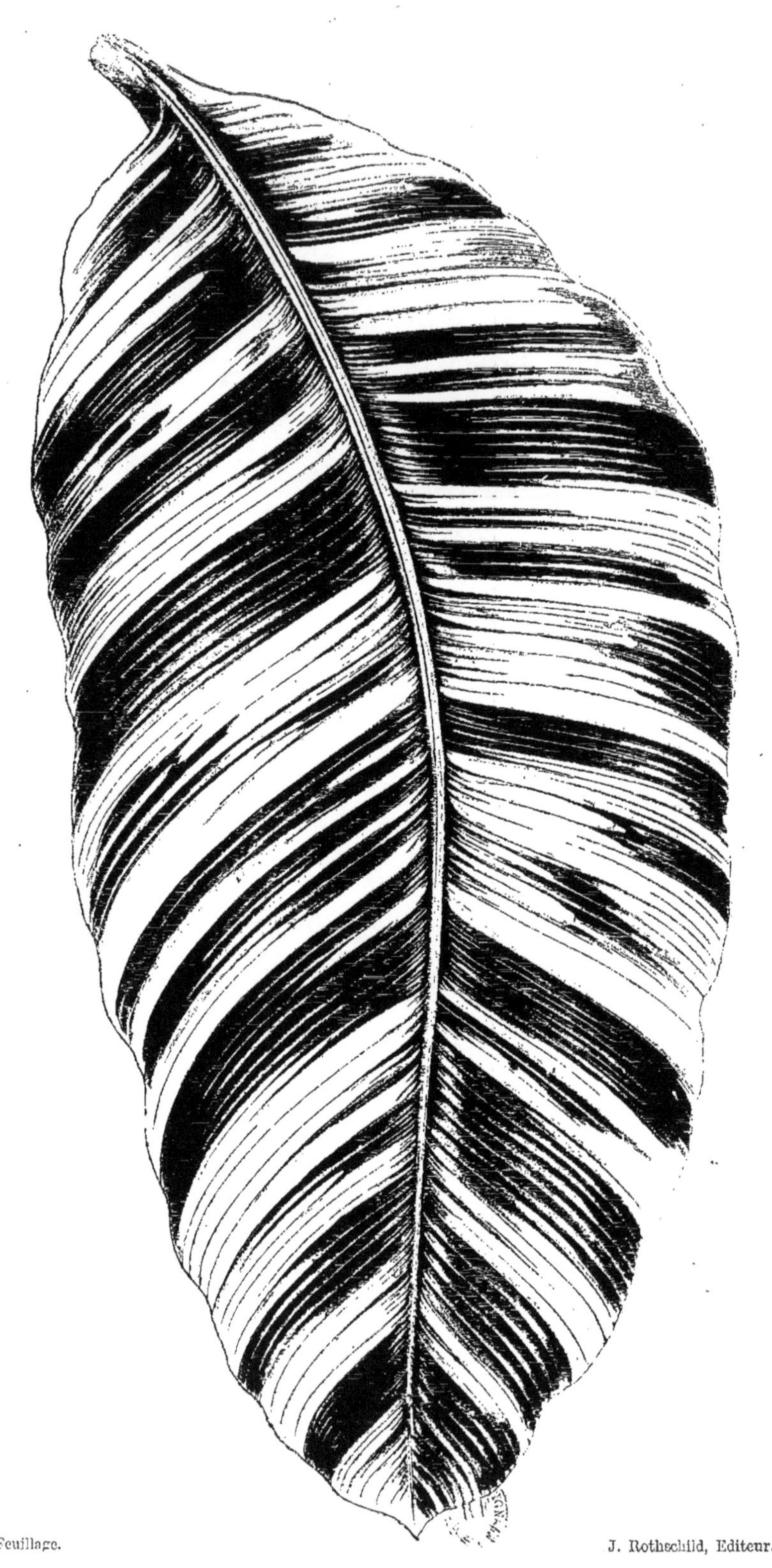

J. Rothschild, Editeur.

MUSA VITTATA.

XVI

MUSA VITTATA.

BANANIER A FEUILLES RUBANÉES. (PL. 16.)

— MUSACÉES. —

Bien que les *Musa* soient généralement introduits et cultivés dans toutes les contrées tropicales des deux mondes, on n'a pu jusqu'ici en indiquer la patrie précise (qu'on suppose toutefois être l'Inde).

Comme l'établit feu M. Hooker (*Bot. Mag.*, planche 5402, septembre 1865), celui dont il s'agit n'est qu'une variété du *M. Sapientum*, dont il atteint la grande taille, mais laissant celui-ci loin derrière, en raison de la beauté des panachures de ses feuilles. Comme aucun *Musa* n'est indigène d'Afrique (sauf le superbe *Musa Ensete*, propre à l'Abyssinie), notre plante a dû être introduite dans l'île Saint-Thomas (Baie de Benin, Afrique occidentale). On en doit la découverte et l'introduction au malheureux Ackermann [1], qui en envoya des individus à M. Van Houtte à Gand. A peu près à la même époque, elle fut retrouvée par M. Mann, courageux et zélé collecteur, qui en expédia de jeunes sujets aux jardins royaux de Kew, où l'un d'eux a fleuri pour la première fois en juin 1863; mais comme on devait s'y attendre, ses fruits n'ont point donné de semences.

Il n'est personne qui ne connaisse et n'ait admiré le port grandiose, les magnifiques et gigantesques feuilles des bananiers; mais à ces avantages éminemment pittoresques et décoratifs, celui-ci surtout joint une splendide panachure foliaire, consistant en longues et larges bandes transversales blanches et tranchant sur le vert intense et brillant du fond : panachure qui persiste fort longtemps et ne s'altère qu'avec l'âge avancé des feuilles.

Si l'on ne peut planter ce bananier en pleine terre, dans un conservatoire de serre chaude, on le tiendra dans de larges bacs ou caisses remplies d'une terre forte et substantielle. De temps à autre un peu d'engrais liquide, de fréquents arrosements. On le multiplie avec la plus grande facilité au moyen des nombreux drageons qu'il émet de la base.

[1] Un nom de plus à ajouter au long martyrologe des voyageurs-botanistes. Ackermann est mort à Loango il y a quelques années déjà.

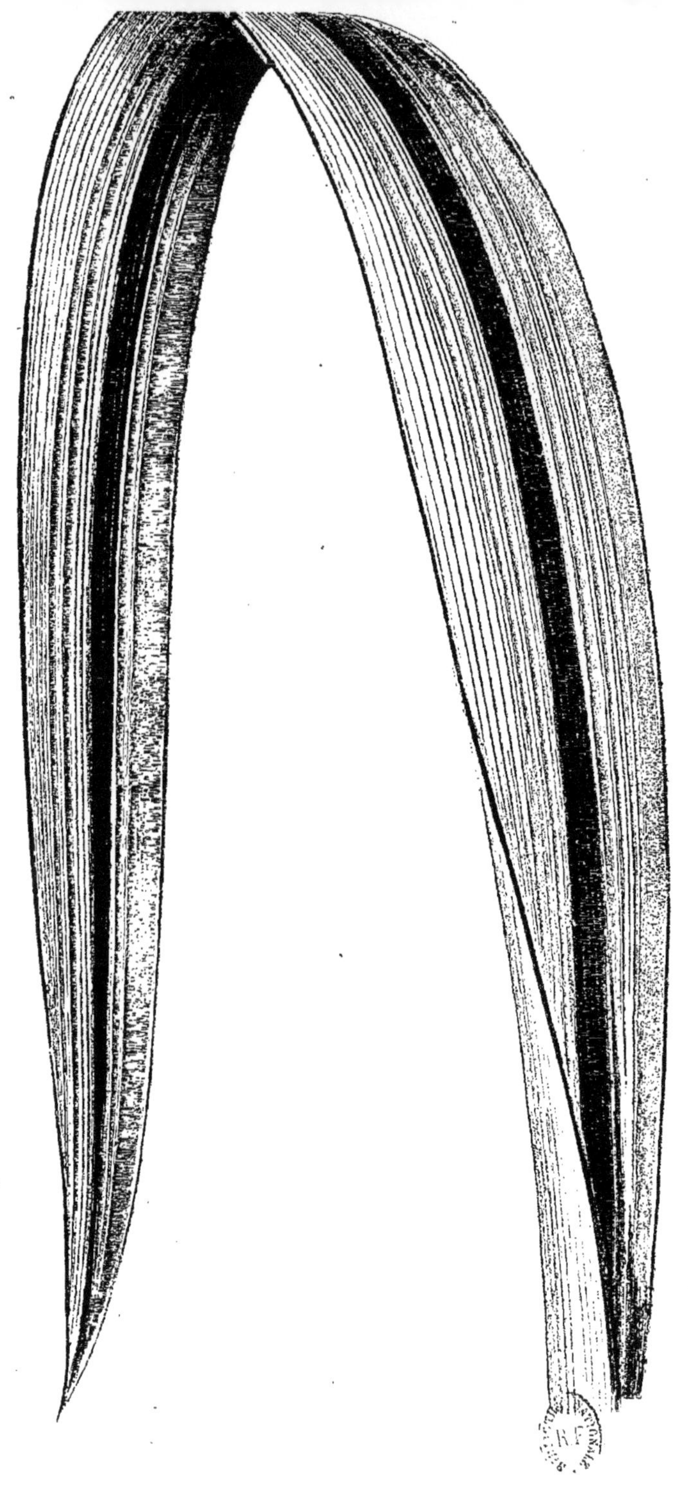

Les Plantes à Feuillage. J. Rothschild, Editeur.

PHORMIUM TENAX, FOLIIS VAR.

XVII

PHORMIUM TENAX. FOLIIS VARIEGATIS.

LIN DE LA NOUVELLE ZÉLANDE A FEUILLES PANACHÉES. (Pl. 17.)

— LILIACÉES. —

Le *Phormium*, célèbre par l'excellente et solide filasse que l'on tire de ses feuilles, et dont on fait des cordages de toute espèce, de bons tissus, remplaçant la toile de lin et surtout le coton, en raison de la force de ses fibres constituantes, a été découvert dès 1772 par le capitaine Cook dans la Nouvelle-Zélande; ce n'est que vers la fin du dernier siècle qu'il parvint en France, où sa culture fut essayée dans diverses contrées, avec plus ou moins de succès.

Après *la soie*, ce sont jusqu'ici les fibres de cette plante qui offrent le plus de solidité, de ténacité. Nos départements méridionaux, l'Algérie surtout, devraient donc s'occuper en grand de sa culture.

Le type de la plante est connu de tout le monde par l'admirable effet de ses touffes de feuilles, disposées comme celles des Iris, rigides et gracieusement recourbées au sommet, longues de 1^m,50 à 2 mètres. L'inflorescence consiste en une panicule composée d'assez grandes fleurs rappelant bien par leurs formes celles des Aloès et d'une couleur plus ou moins orangée.

La variété est arrivée de la Nouvelle-Zélande; ses feuilles sont admirablement ornées sur leur fond d'un vert pâle, grisâtre ou jaunâtre, de longs rubans de largeur inégale, jaune vif ou orangé.

Qu'on juge de l'effet d'une telle variété, cultivée, comme le type, en vases, en caisses, pour orner les perrons, les vestibules, et en plein terre, où elle prospère à merveille. Nous l'avons vue parfaitement prospérer dans les squares de la ville de Paris, où on la tient dans un sol riche et meuble; elle est relevée à la fin d'octobre et rentrée en orangerie.

Multiplication facile par la séparation des touffes ou des stolons, opérée en serre tempérée, sous cloche.

Les Plantes à Feuillage.

J. Rothschild, Éditeur.

MARANTA ILLUSTRIS.

XVIII

MARANTA ILLUSTRIS.

MARANTA ILLUSTRE. (Pl. 18.)

— MARANTACÉES. —

Illustre entre les plantes! Quelle qualification mieux justifiée que par cette belle espèce! On croyait avoir tout découvert dans ce beau genre *Maranta* qui a déjà fourni un si grand nombre de magnificences à nos cultures, quand M. Linden en exposa en juin 1866 une dizaine tout à fait nouvelles.

Pour ne parler que du *M. illustris,* figurez-vous une délicieuse touffe, haute de 30 centimètres, portant de nombreuses feuilles dressées, supportées par un pétiole cylindrique, engainant, pourpre foncé, long de 10 à 15 centimètres. Sur le limbe, ovaleelliptique à bords recourbés en dedans, et dont l'un est plus recourbé que l'autre et ondulé, s'étalent de grandes bandes obliques, alternativement vert foncé, chatoyant et vert pâle, du plus saisissant effet. Une nervure médiane creusée en gouttière à la base et rosée, puis vert tendre, divise le limbe en deux parties inégales et s'ajoute à l'effet produit par une zone concentrique, assez distante de la périphérie de la feuille et composée de macules inégales blanches et vertes, çà et là marbrées de rose vif.

Sur tout cela des reflets satinés, miroitants au soleil, formant une remarquable opposition au-dessous du limbe, qui prend une belle couleur uniforme violet foncé, sous laquelle on aperçoit la zone transparente, la regardant à travers.

C'est une habitante des régions les plus chaudes de la terre. Un botaniste-explorateur de grand mérite, M. Wallis, le successeur de ce pauvre Libon, mort à la peine dans ses excursions au Brésil, l'a rencontrée dans les gorges profondes qui bordent le Haut-Amazone.

Les observations du hardi voyageur sur sa station naturelle indiquent pour culture la serre chaude humide, une terre de bruyère un peu tourbeuse, un drainage épais et surtout un coin demi-obscur de la serre. On peut même entourer le pot et le couvrir d'une couche de *sphagnum*, qui remplace la mousse naturelle des forêts équatoriales, où croît cette jolie plante. On la multiplie par éclats, séparés avec beaucoup de circonspection, après la période de végétation.

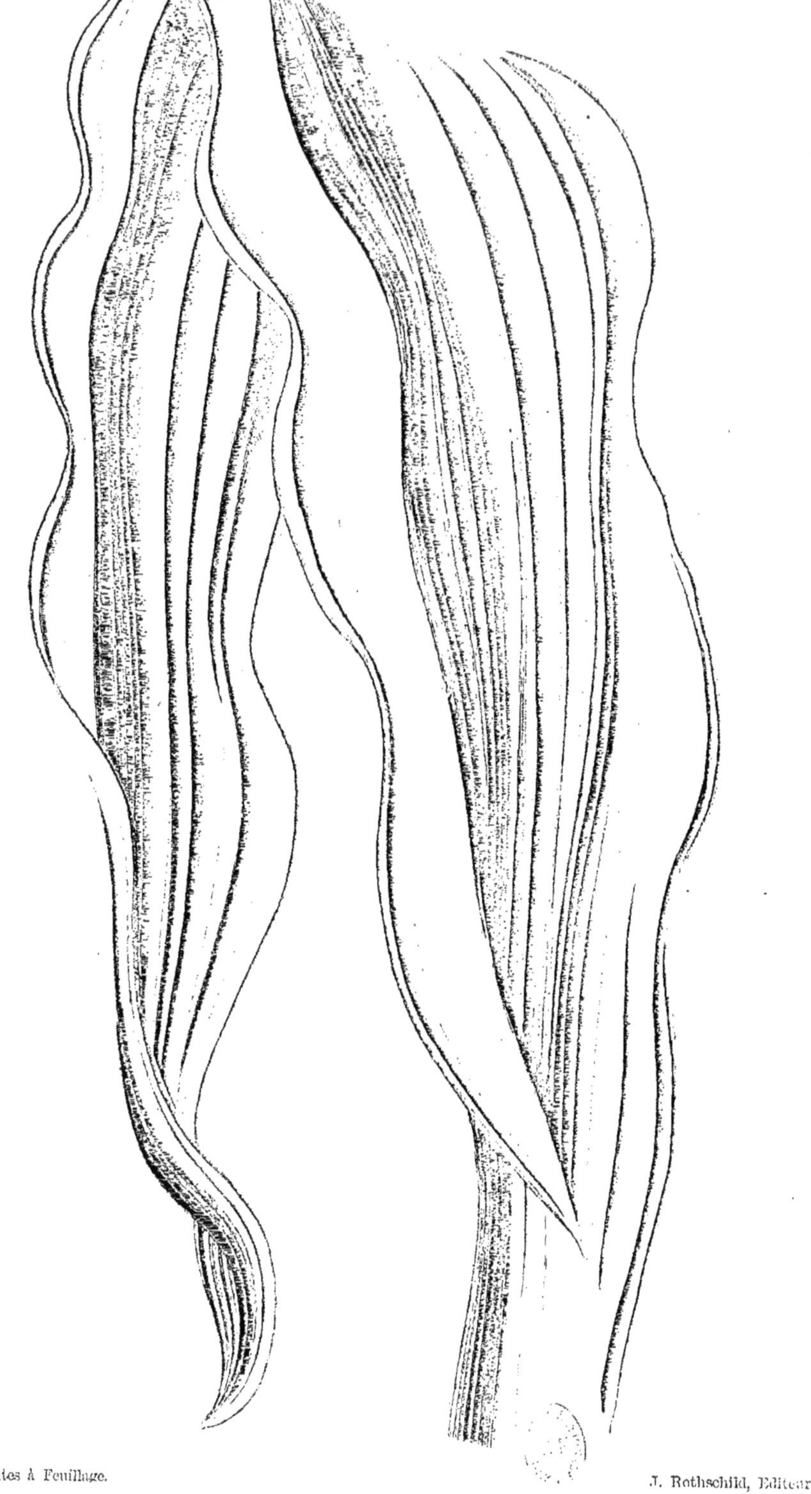

Les Plantes à Feuillage.

J. Rothschild, Editeur.

ZEA JAPONICA.

XIX

ZEA MAYS, Var.

MAÏS A FEUILLES PANACHÉES. MAÏS DU JAPON. (Pl. 19.)

— AGROSTACÉES. —

Zea, nom donné chez les Grecs à une graminée aujourd'hui indéterminée, et que Linné a appliqué à la plante dont il s'agit; vulgairement *Blé de Turquie, Maïs.*

La patrie de cet admirable végétal si hautement utile au genre humain a été longuement controversée. Il est bien avéré aujourd'hui qu'il est indigène de l'Amérique, où les Espagnols l'ont trouvé à l'état de grande culture lors de la découverte et de la conquête; il en habite toutes les parties chaudes, tropicales et extra-tropicales. De là, par la suite, il a été introduit dans tous les autres continents, où il est devenu la base de l'alimentation générale.

Nous ne saurions ici énumérer tous les produits qu'en peut tirer l'industrie, outre la nourriture des hommes et des animaux. De ses fruits on tire du sucre, du vin, de l'eau-de-vie, etc.

Cultivé avec soin et dans une terre riche, dans les jardins, le maïs s'élève à plus de 2 mètres. Ses larges et longues feuilles distiques et engainantes à la base dépassent 75 centimètres de longueur et se recourbent gracieusement. Les fleurs mâles sont disposées vers le sommet des tiges en une ample et superbe aigrette recourbée; les femelles, en deux épis axillaires, cylindriques, formés de très nombreux ovaires contigus, de la grosseur d'un pois chacun. A l'état de maturité, les fruits revêtent de riches et vives couleurs, le jaune d'or, le rouge pourpre, le violet, le blanc même, et sont quelquefois panachés de ces diverses nuances. C'est un très bel ornement et qui peut se conserver très longtemps.

La magnifique variété dont il s'agit spécialement ici a été trouvée de semis aux États-Unis, et non au Japon comme on l'a dit, et envoyée à un horticulteur allemand (M. Bénary d'Erfurt).

Elle participe nécessairement de toutes les qualités, de tous les mérites du type; mais elle a de plus que lui la riche panachure qui en décore les feuilles; ce sont des lignes multiples (veines) blanches, vertes, roses, qui sillonnent les bords et la face de la base au sommet.

C'est une très belle addition à la superbe catégorie des plantes à feuillage coloré. La culture est absolument la même que celle du type. Dans les jardins, un sol riche et profond, une exposition chaude, de copieux arrosements pendant les chaleurs; multiplication, soit par le *semis* de ses graines au mois d'avril, soit et plutôt par les stolons qu'elle produit à sa base, qui doivent alors passer l'hiver à l'abri des gelées, pour être mis en place dans les premiers jours de mai.

Les Plantes à Feuillage.

J. Rothschild, Editeur.

BIGNONIA ARGYRO-VIOLASCENS.

XX

BIGNONIA ARGYREO-VIOLASCENS.

BIGNONE A FEUILLES PANACHÉES DE BLANC D'ARGENT ET DE VIOLET. (PL. 20.)

— BIGNONIACÉES. —

Genre dédié par Tournefort à l'abbé Bignon, bibliothécaire de Louis XIV.

Le *Bignonia argyreo-violascens* (ou *argyreo-violacea*) a été, dit-on, découvert assez récemment dans l'île de la Magdeleine (Nouvelle-Grenade) et envoyé de là à M. Lierval, horticulteur à Paris, qui, le premier aussi, l'a mis dans le commerce.

Est-ce bien un *Bignonia?* Nous ne saurions l'affirmer en l'absence de fleurs que nous n'avons pas observées; mais nous le pensons, et cette espèce appartiendrait dès lors à la section *simplicifoliæ* de De Candolle.

C'est, comme ses congénères, une plante grimpante, volubile, à branches élancées, extrêmement grêles pendant le premier âge; à feuilles opposées, ovales-lancéolées, cordiformes à la base, à peine acuminées au sommet; très petites et comme obsolètes pendant la première jeunesse, à pétioles très courts. En l'absence des fleurs (et si c'est une Bignoniacée les siennes doivent être comme dans le genre, grandes et belles), le mérite, mérite *transcendant*, qui la recommande aux amateurs, est l'admirable panachure versicolore de ses feuilles. Ainsi, sur les inférieures, le blanc dispute avec avantage la place au vert de l'épiderme; chez les supérieures jeunes, le pourpre violacé l'emporte et laisse à peine place à des nervures pennées, vertes, mais bordées irrégulièrement de blanc. Chez toutes, la face inférieure est violacée.

Cette plante brillera au premier rang parmi celles à feuillage coloré, car partout où elle a été exposée, elle a conquis tous les suffrages et mérité les premières distinctions.

Sa culture est celle de toutes les plantes de *serre chaude:* terre riche, palissage sur les colonnettes ou les treillis; multiplication de boutures, à chaud et à l'étouffé.

 J. Rothschild. Edᵗ

CENTAUREA CANDIDISSIMA.

XXI

CENTAUREA CANDIDISSIMA.

CENTAURÉE TRÈS BLANCHE. (Pl. 21.)

— ASTÉRACÉE. —

Centaurea, dérivé du CENTAURE CHIRON, qui, selon la Fable, possédait des secrets merveilleux pour la guérison des blessures.

Originaire de l'Italie méridionale, où elle se plaît sur les rochers des bords de la mer, cette admirable plante frappe d'abord tous les yeux par la blancheur éclatante d'argent mat du duvet court, épais et très serré qui en recouvre toutes les parties, et produit un très grand effet par là dans les jardins, où on la recherche pour en former surtout de grandes bordures.

Elle est légèrement suffrutescente à la base, dressée, ramifiée:

ses feuilles sont grandes, celles de la base surtout, profondément bipennatifides, ailées, pétiolées, à lobes linéaires-lancéolés; toutes couvertes, comme il vient d'être dit, d'un coton épais et comme drapacé. Ses fleurs, ou mieux ses capitules, sont terminaux, assez grands, solitaires, purpurins, et paraissent sessiles, en ce que les feuilles de la tige les accompagnent jusqu'en dessous.

Sa patrie (car on la voit encore sur les côtes septentrionales d'Afrique) la rend délicate dans les cultures. C'est pourquoi elle doit être mise en place vers le commencement de mai, ou à la fin d'avril si la saison est favorable, et il faut la relever à l'automne, vers la fin d'octobre, et la faire hiverner sous châssis.

Vers la fin de juillet ou en août, on peut en faire des boutures auxquelles on fera passer l'hiver de même sous châssis froids, en les plaçant tout près des vitres, et qu'on mettra en place au printemps. Elles veulent dans le jardin une terre légère, sablonneuse, et autant que possible une bonne exposition; car plus cette exposition sera favorable et plus la saison sera chaude, plus aussi la blancheur de son feuillage sera éclatante.

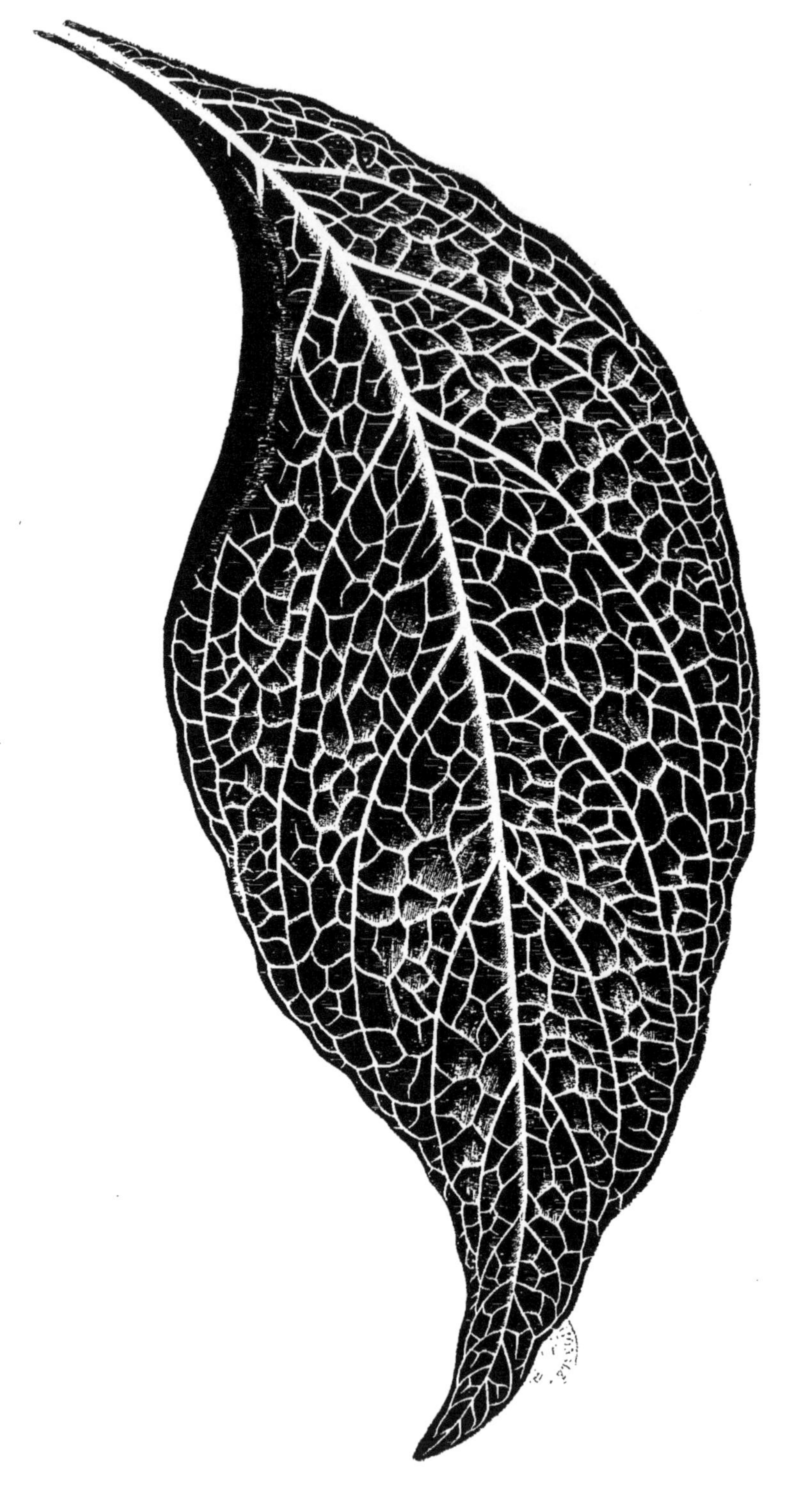

Les Plantes à Feuillage.

J. Rothschild, Editeur.

ADELASTER ALBIVENIS.

XXII

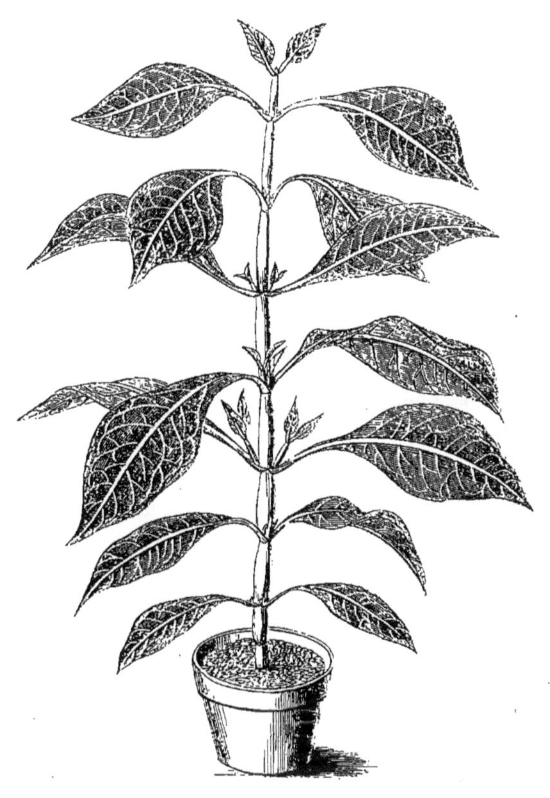

ADELASTER ALBIVENIS.

ADELASTRE A VEINES BLANCHES. (PL. 22.)

— ACANTHACÉES. —

Sous le rapport botanique nous ne connaissons aucunement la plante en question, dont feu Lindley, récemment enlevé à la science et à l'horticulture, avait cru devoir faire le type d'un genre, sans doute d'après des échantillons desséchés *et complets*, bien que celui qui l'a découverte ait écrit d'elle : „*Nous n'en connaissons pas les fleurs.*“ Si depuis on l'a vue fleurir en Angleterre ou sur le continent, c'est ce que nous ignorons.

Quoi qu'il en soit, par le magnifique réseau d'un blanc pur, tranchant vivement sur le fond vert sombre des feuilles, c'est là une plante ornementale au premier chef. Elle a été récemment découverte au Pérou, par M. Veitch fils, qui l'a importée et a bien voulu nous communiquer de beaux spécimens pour notre aquarelle.

C'est un arbrisseau sarmenteux, grimpant par la suite, et d'une grande vigueur. Les feuilles en sont distantes, opposées, subdécussées, ovales-lancéolées, acuminées au sommet, atténuées-cunéiformes à la base, dentées et à bords décurrents sur les pétioles. Dans les fortes plantes, les feuilles atteignent de 27 à 30 centimètres au moins de longueur, sur 10 à 13 centimètres de diamètre. Comme nous venons de le dire, le coloris très sombre de la face supérieure, un peu rugueuse, est d'un vert mat; les nervures principales, très apparentes, sont d'un beau blanc, et les intervalles occupés par des nervures anastomosées forment un réseau à larges mailles, blanches également. La face inférieure est d'un pourpre violacé.

De très jeunes individus, munis seulement de six à huit feuilles, forment déjà une belle décoration.

Pendant la belle saison on pourra la tenir dans la serre tempérée, peut-être même en plein air, à bonne exposition, en lui appliquant le même traitement qu'aux plantes tropicales ainsi cultivées. En hiver on la rentrera dans une serre chaude ordinaire. Les vases bien drainés, cela va de soi, seront remplis d'une terre légère, mais un peu substantielle, et on la multipliera facilement de boutures faites à chaud et sous cloche.

Les Plantes à Feuillage. J. Rothschild, Editeur.

BERTOLONIA GUTTATA.

XXIII

BERTOLONIA GUTTATA.

BERTOLONIE A FEUILLES PONCTUÉES. (Pl. 23.)

— MÉLASTOMACÉES. —

Très gracieuse plante, dont la ponctuation foliaire rose ou blanche rappelle sans désavantage celle du charmant *Sonerila margaritacea*, appartenant à la même famille; elle fut dédiée à M. Bertoloni, botaniste italien.

C'est une plante brésilienne, comme la plupart des Mélastomacées; elle paraît avoir été découverte par feu Fox...? (W. Hook...!) aux environs de Saint-Sébastien, et retrouvée en 1861 par M. Weir, dans la province de Saint-Paul. W. Hooker ajoute qu'un individu en fleurs lui en a été communiqué dans la même année par MM. Veitch (notre gravure a été dessinée d'après des spécimens de cette maison) comme provenant de Madagascar : erreur que réfute ce regretté savant, à qui nous empruntons en partie les détails qui suivent. D'un caudex rampant sur le sol, allongé et ramifié, semblable à celui de diverses fougères et de la grosseur d'une plume d'oie, s'élèvent une ou plusieurs tiges, hautes de 25 à 30 centimètres, dressées, quadrangulaires, simples, ou rarement subramifiées, couvertes de poils étoilés. Les pétioles sont longs de 6 à 9 centimètres, légèrement canaliculés en dessus; les feuilles, ovées, atténuées en pointe au sommet, submembranacées, 5-nervées, ont leurs bords entiers, obscurément crénelés-dentés; d'un vert foncé en dessus, roses et rougeâtres pendant la jeunesse en dessous, où la nervation se montre en petits parallélogrammes. Entre les cinq nervures parallèles, dans chaque aréole formée par les nervules transversales, sont disposées, en une ou deux séries longitudinales contiguës, de petites macules rondes ou ovales, très apparentes, séparées, blanches ou plus fréquemment roses; en dessous elles se confondent avec la belle teinte rubescente du fond. On dirait presque, écrit l'auteur, que ces feuilles sont garnies de rubis.

Les fleurs, au nombre de cinq à dix, sont assez petites, d'un beau rose tendre, disposées en une petite cime terminale ou axillaire, brièvement pédonculée. Le calice, infère, poilu, glanduleux, a ses quatre ou cinq sépales courts, dressés, arrondis, comme tronqués, avec quelques poils ou dents spiniformes sur le bord externe. Les quatre ou cinq pétales sont obliquement obovés.

La culture de cette plante réclame : la chaleur modérée d'une serre chaude pendant toute la période de végétation ; un repos complet, à la suite, dans une serre tempérée; une terre légère, meuble et un peu riche en humus, qu'on renouvelle en rempotant après le repos; multiplication par division du caudex rhizomatique, ou par le bouturage des jeunes tiges, coupées à la base sur ledit caudex.

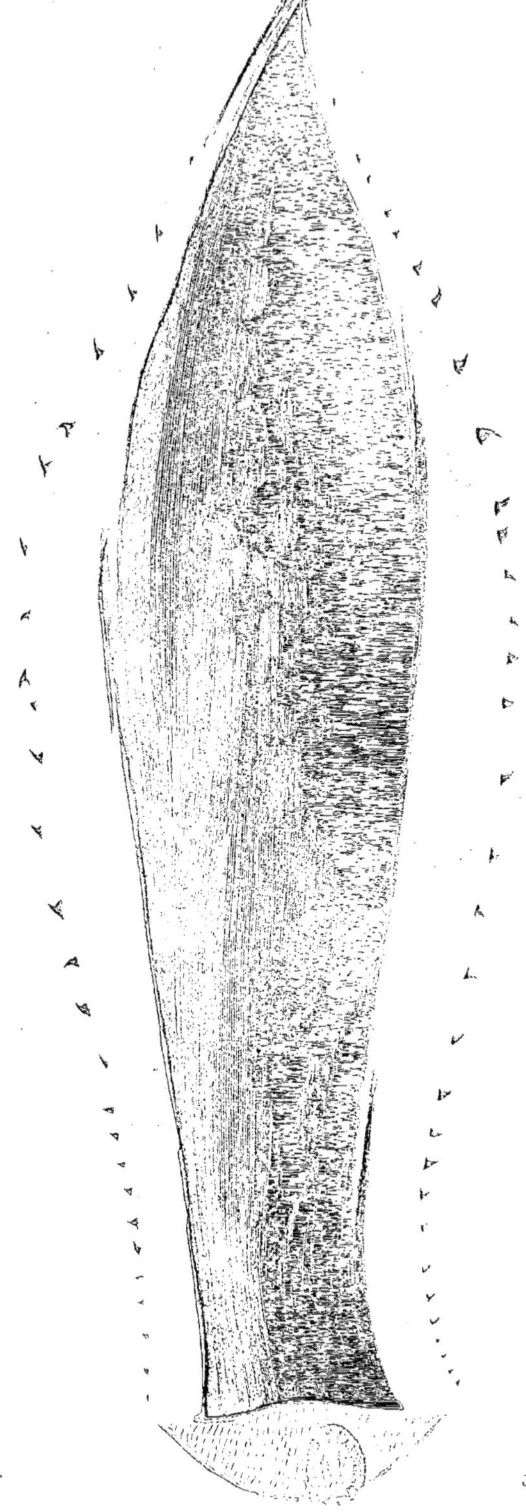

Les Plantes à Feuillage.

J. Rothschild, Editeur.

AGAVE AMERICANA, FOLIIS VAR.

XXIV

AGAVE AMERICANA, FOLIIS VARIEGATIS.

AGAVE D'AMÉRIQUE VAR. A FEUILLES PANACHÉES. (Pl. 24.)

— AMARYLLIDÉES. —

Étymologie : de *agauos*, magnifique, glorieux; allusion à l'aspect de la plante lors de la floraison.

L'espèce type, originaire du Mexique, où elle est désignée par le surnom de *Maguey*, a été introduite en Europe vers le milieu du seizième siècle; mais la variété à feuilles panachées est un produit de nos cultures.

C'est une plante devenant énorme, à tige courte ou nulle, recouverte de feuilles charnues, radicales, lancéolées, armées de dents semblables à des aiguillons, et terminées par une épine raide de couleur brune; elles sont d'un vert glauque, bordées et rayées (quelquefois même striées) de jaune; la hampe, de 4 à 6 centimètres et plus, est droite, raide, garnie à partir du tiers de sa partie supérieure d'une quantité prodigieuse de fleurs tubulées d'un jaune verdâtre.

L'Agave est très connue, surtout le type, comme plante ornementale; on en tire dans le pays natal une liqueur fermentée connue sous le nom de *pulqué*, des fibres textiles d'une grande force; enfin on en forme des haies défensives.

L'Agave a sa légende et sa fable; on l'a appelée vulgairement *fleur de cent ans*, sous prétexte qu'il faut qu'elle ait atteint cet âge pour fleurir.

L'*Agave americana foliis variegatis* peut être employée à orner les vases des perrons, des jardins, et les piliers des grilles; elle est aussi d'un très bel effet *décoratif*, soit qu'on en place de forts sujets isolément sur les pelouses, soit qu'on les mette dans les excavations des rochers et des grottes.

C'est une plante dont la culture et la multiplication sont faciles: en effet, bien que venue de l'Amérique tropicale, elle ne réclame que l'orangerie pendant l'hiver sous le climat de Paris; on peut même la placer dans une chambre, une cave ou tout autre local, à la seule condition que l'air y soit sain et que la gelée n'y pénètre pas. Une bonne terre de jardin potager, mélangée d'un peu de terre franche, renouvelée chaque année pour les jeunes sujets; de deux en deux ans pour ceux qui sont plus forts, et tous les trois ou quatre ans pour les exemplaires très forts; des arrosages très modérés l'hiver, un peu plus fréquents pendant la belle saison : telles sont, comme culture, les exigences de cette plante. Pour ce qui concerne la multiplication, elle s'opère facilement au moyen de ses œilletons plantés dans de petits pots, et traités comme la plante mère.

Les Plantes à Feuillage.

J. Rothschild, Editeur.

HIBISCUS COOPERII.

XXV

HIBISCUS COOPERII ou HIBISCUS TRICOLOR.

KETMIE DE COOPER. — KETMIE DE TROIS COULEURS. — ROSE DE CHINE A FEUILLES PANACHÉES. (Pl. 25.)

— MALVACÉES. —

De *hibiskos*, nom donné par les Grecs à la guimauve.

L'origine de l'*Hibiscus Cooperii* est encore incertaine. En effet, tandis que d'après MM. Veitch et fils, de Londres, il leur aurait été envoyé de l'Australie méridionale par Daniel Cooper en 1863 — de là la dédicace — selon d'autres écrivains horticoles, il aurait la Nouvelle-Calédonie pour pays natal. Enfin, on dit aussi que l'*Hibiscus Cooperii* ne serait pas une espèce, mais une simple variété de l'*Hibiscus rosa sinensis*. Son origine s'expliquerait alors par un fait de dichroïsme fixé par le bouturage.

L'*Hibiscus Cooperii* est un arbuste rameux, à feuilles alternes, lancéolées, aiguës, à bords dentelés et ondulés, portées par un pétiole assez long; la face supérieure est d'un vert foncé avec macules, marbrures et stries blanches, rose tendre et rose vif, coloris réunis et séparés sur la même feuille. Parfois cet assemblage de coloris s'empare même de toute la feuille; dans d'autres circonstances il n'en couvre que la moitié.

Ajoutons que les fleurs, qui, comme dans le type, naissent solitaires à l'aisselle des feuilles, sont très belles, grandes et d'un rouge ponceau avec une petite macule brune à la base interne de chaque pétale.

En somme l'*Hibiscus Cooperii* est un charmant arbuste qui trouvera sa place non seulement dans les serres chaudes, où il doit être cultivé, mais encore dans les appartements; car tous les essais tentés pour le cultiver l'été en pleine terre, comme on le fait pour l'*Hibiscus rosa sinensis*, sont restés jusqu'ici assez infructueux : sa végétation y est souffreteuse; ses feuilles brunissent et deviennent peu agréables à l'œil; enfin ses fleurs s'y épanouissent rarement et avec les plus grandes difficultés, ce qui prouverait peut-être qu'il est né d'une maladie ou *dichrosimie*.

Il est nécessaire, pour obtenir de jolis buissons, de répéter souvent le pincement des extrémités pendant la jeunesse de la plante.

La terre dans laquelle il semble se plaire davantage est celle connue sous le nom de terre de bruyère. Comme tous les végétaux cultivés en pots et en serre, la plante exige de copieux arrosements pendant son plein développement; moindres, lorsque la végétation décroît, et enfin presque nuls à l'époque du repos.

Comme pour la plus grande partie des arbustes de l'Inde, la multiplication de l'*Hibiscus Cooperii* s'opère par boutures, qui ne réclament d'autres soins que ceux donnés à celles faites sous cloche dans la serre à multiplication. Elles développeront promptement des racines, et seront alors transplantées dans de plus grands pots. Après quelques jours de soins minutieux, ces jeunes sujets seront traités comme les plantes adultes.

Les Plantes à Feuillage. J. Rothschild, Editeur.

SEDUM SIEBOLDII.

XXVI

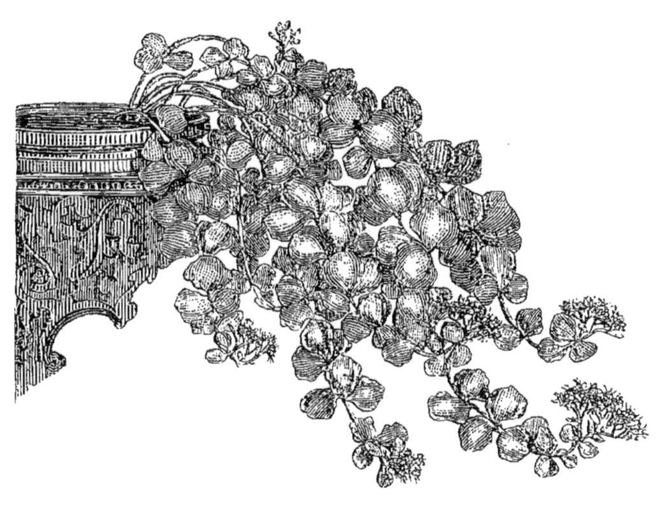

SEDUM SIEBOLDII.

VAR. A FEUILLES MACULÉES DE JAUNE AU MILIEU. (Pl. 26.)

— CRASSULACÉES. —

Introduit en Europe vers 1836 par Von Siebold, le célèbre voyageur botaniste au Japon, le *Sedum Sieboldii* a été tout aussitôt recherché et cultivé avec empressement dans tous les jardins, où ses gracieuses touffes, ses jolis bouquets de fleurs roses font et feront toujours un effet justement apprécié.

Mais, hélas! tout change ici-bas, *le temps, les gens, la mode!* et voici une nouvelle arrivée, simple variété, qui va disputer à son type avec avantage la faveur du monde horticole. C'est bien la même plante; mais chez elle la plus grande partie de la surface des feuilles est occupée par une large et belle macule jaune, qui lui donne un aspect tout particulier et d'un grand effet ornemental. On en doit également l'introduction dans les jardins au même voyageur, qui l'a rapportée lui-même de son dernier voyage.

Nous devons, pour faire bien connaître le double mode de culture qui lui convient, en donner une courte description.

C'est une plante basse, suffrutescente, glabre, formant une touffe compacte par la multiplicité de ses rameaux, simples ou à peine divisés, partant d'un centre commun, superposés, rayonnant en une épaisse et belle rosace tout à fait étalée. Ses feuilles arrondies, obsolètement dentées aux bords, charnues, concaves, sont disposées trois par trois et d'un vert glauque, relevé souvent et entouré d'un liséré rouge sous l'influence solaire. Les fleurs, nous en avons dit le coloris, forment de jolis bouquets terminaux.

Le *Sedum Sieboldii* (type ou variété) se plie parfaitement à deux modes différents de culture : à demeure fixe en plein air, ou en pot dans la serre froide ou les appartements, dans lesquels sa présence fera un fort bel effet. Dans le premier cas, toutes les parties s'en montreront plus vivement colorées ; mais, inconvénient grave ! il perdra en hiver toutes ses tiges, qui ne se remontreront qu'au printemps. En outre, comme sa rosace est *nettement couchée* sur le sol, si l'on ne veut la voir salie de boue, ses fleurs surtout, par les pluies et les orages, il faut, comme on le fait pour ces jolies joubarbes (*Sempervivum*), qui deviennent aussi à la mode, les exhausser au-dessus du sol, que l'on contiendra à l'entour par un double rang de petites pierres meulières ou, à leur défaut, de fragments de roche, le tout d'un aspect pittoresque.

Dans le second cas on empote dans un vase large, peu profond, bien drainé, rempli de bonne terre un peu élevée au-dessus des bords, vase simple pour la serre ou le jardin, ornementé pour le salon. Là, la plante ne perdra point ses tiges, qui grandiront et s'épaissiront sans cesse, et produiront plus d'effet.

Dans des sujets ainsi cultivés, nous avons remarqué des touffes à rameaux innombrables, qui mesuraient jusqu'à 50 ou 60 centimètres de diamètre..

Les Plantes à Feuillage. J. Rothschild, Editeur.

AMARANTUS MELANCHOLICUS.

XXVII

AMARANTUS MELANCHOLICUS.

AMARANTE TRICOLORE, BICOLORE, VERSICOLORE, ETC. (PL. 27.)

— AMARANTACÉES. —

Amarantos, sorte d'*Immortelle* chez les Grecs : nom appliqué par Linné à toutes autres sortes de plantes, mais exprimant aussi une qualité qui leur est propre, celle de ne changer presque pas de couleur en se desséchant.

L'introduction de cette plante exotique dans nos jardins a été une bonne fortune; nulle plus qu'elle, en raison des couleurs si diverses, si opposées, si vives qu'elle présente, soit réunies soit séparées, n'est si éminemment ornementale; nulle non plus n'offre peut-être un habitat plus étendu. Ainsi, selon Moquin-Tandon, on la trouve dans l'île de Ceylan, en Chine, au Japon, dans les îles de la Société, dans la Guiane, au Brésil, en Perse, etc.

Elle est depuis assez longtemps déjà cultivée dans les jardins, mais l'époque de son introduction est encore inconnue. Sa tige est herbacée, annuelle, assez robuste, ramifiée, sillonnée par la décurrence des bases des pétioles, glabre, verte ou pourprée, ou même colorée comme les feuilles. Celles-ci sont nombreuses, assez amples, longuement pétiolées, obtuses-échancrées au sommet. Les fleurs, réunies en petits paquets (glomérules) amplexicaules, sont insignifiantes, petites, verdâtres, ou participent légèrement des couleurs de la variété qui les porte.

On distingue plusieurs variétés, à couleurs plus ou moins tranchées, et partageant plus ou moins le limbe foliaire ou l'occupant presque entièrement: ce sont le rouge brun, le rouge cramoisi ou clair, le violet, le jaune vif et le rose vif, etc., et tous nettement opposés au vert, lorsque celui-ci a un peu de place pour se montrer. Aussi les dit-on bi- ou tricolores, selon que deux ou trois couleurs sont plus dominantes que les autres. On voit tout de suite que le nom de *melancholicus*, appliqué d'abord à l'espèce type par Linné, n'a guère sa raison d'être aujourd'hui.

Bien peu de plantes, parmi celles dites à feuillage panaché ou coloré, lui sont supérieures sous ce rapport, et aucune n'est aussi propre à former de jolies corbeilles ou des groupes disséminés çà et là, et dont les vives couleurs réjouissent plus les yeux. Ses qualités sont inconnues; mais il est vraisemblable qu'elle possède en partie celles de la plupart de ses alliées et congénères, c'est-à-dire nutritives et émollientes.

Comme cette plante est annuelle, il faut en semer les graines de mars en avril sur couche tiède et les repiquer en place au commencement de mai, ou dès la fin d'avril, si la température est douce et chaude. Terre légère, mais bien fumée, arrosements fréquents pendant les chaleurs.

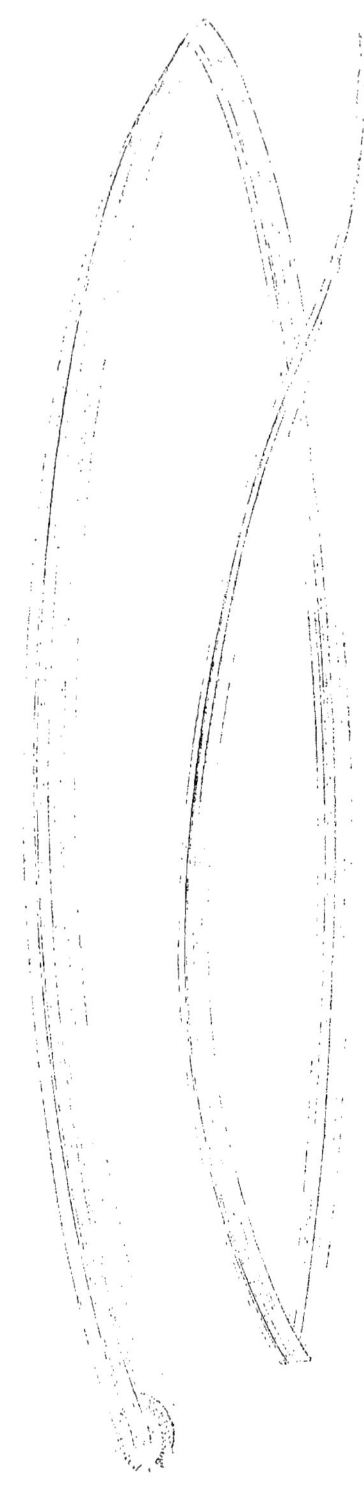

Les Plantes à Feuillage. J. Rothschild, Éditeur.

GYNERIUM ARGENTEUM

Var. Albo-Lineatum.

XXVIII

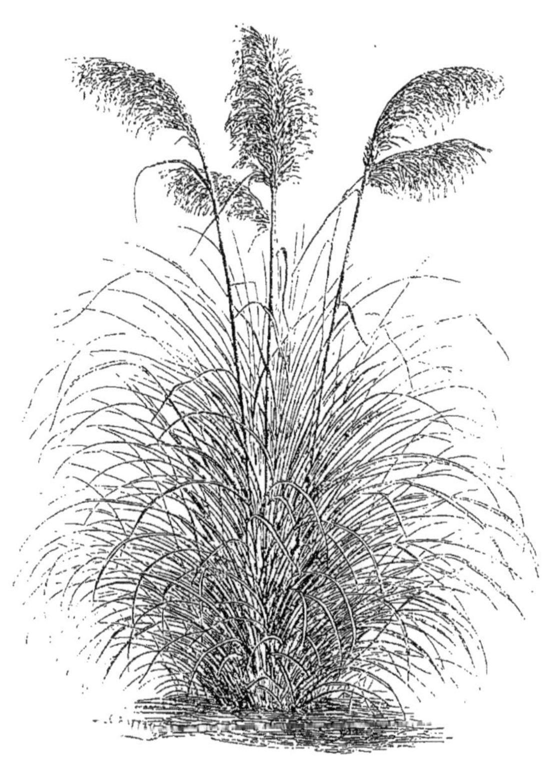

GYNERIUM ARGENTEUM, Var. ALBO—LINEATUM.

HERBE DES PAMPAS, HERBE A AIGRETTE D'ARGENT, ETC. (Pl. 28.)

— AGROSTACÉES. —

Du grec *gyne*, femelle, et *erion*, laine : allusion aux longs poils argentés qui enveloppent les fleurs : *argenteum*, rappelant les longues et magnifiques aigrettes argentées qui terminent les tiges (chaumes).

Le type de cette très remarquable plante a été introduit dans nos jardins il y a une quinzaine d'années. Elle croît dans l'Uruguay, où elle occupe à peu près à elle seule des plaines immenses (*pampas*).

On en doit l'introduction au botaniste Moore, directeur du jardin botanique de Glasnevin (Écosse). Elle forme d'énormes touffes, dont les feuilles, absolument linéaires, atteignent dans leur pays natal au delà de 3 mètres de longueur, et du milieu desquelles s'élancent des chaumes de plusieurs mètres de hauteur, qui sont terminés par d'immenses aigrettes (fleurs) d'un blanc d'argent.

Dans nos jardins ses dimensions sont de moitié moindres. Elle s'est montrée rustique, même dans le nord de l'Europe; là ses touffes foliaires sont encore hautes de 1 mètre et plus, formées d'innombrables feuilles de plus de 2 mètres de longueur sur 1 centimètre à peine de diamètre, qui finissent en une très longue pointe et se recourbent d'une manière gracieuse jusqu'à terre. Il ne faut les toucher qu'avec précaution, car elles sont bordées de très petites dents en scie fortement acérées. La nervure médiane, verte ordinairement, est enfoncée en dessus en rigole, mais en dessous elle est très saillante et rude. Comme dans l'Uruguay, de ces larges et épaisses touffes se dressent plusieurs tiges ou chaumes, hauts encore de 1^{m},50 à 2 mètres; les aigrettes qui les terminent sont blanches, plus garnies et plus vivement colorées dans les individus femelles que dans les individus mâles, et se montrent en septembre ou octobre.

Comme elle donne facilement des graines, de celles-ci, semées au premier printemps sur couche tiède, on obtient des variétés plus ou moins naines, ou robustes, plus rustiques, diversement colorées. C'est ainsi qu'a été trouvée, dans ces derniers temps, la jolie variété dont il s'agit et dont les fines nervures sont lignées de blanc.

La plante, qui à elle seule constitue le genre, n'est pas difficile sur le choix du terrain; mais il lui faut une exposition chaude et sèche; outre le semis de ses graines, on peut la multiplier par la division de ses touffes, opérée à la fin de l'automne, ou mieux au premier printemps. Pendant les grands froids, il sera prudent, dans le Nord, de garnir la base des touffes avec de la litière et de se garder d'ailleurs d'en rabattre les vieilles feuilles, qui se dessèchent d'elles-mêmes et disparaissent bientôt sous les nouvelles.

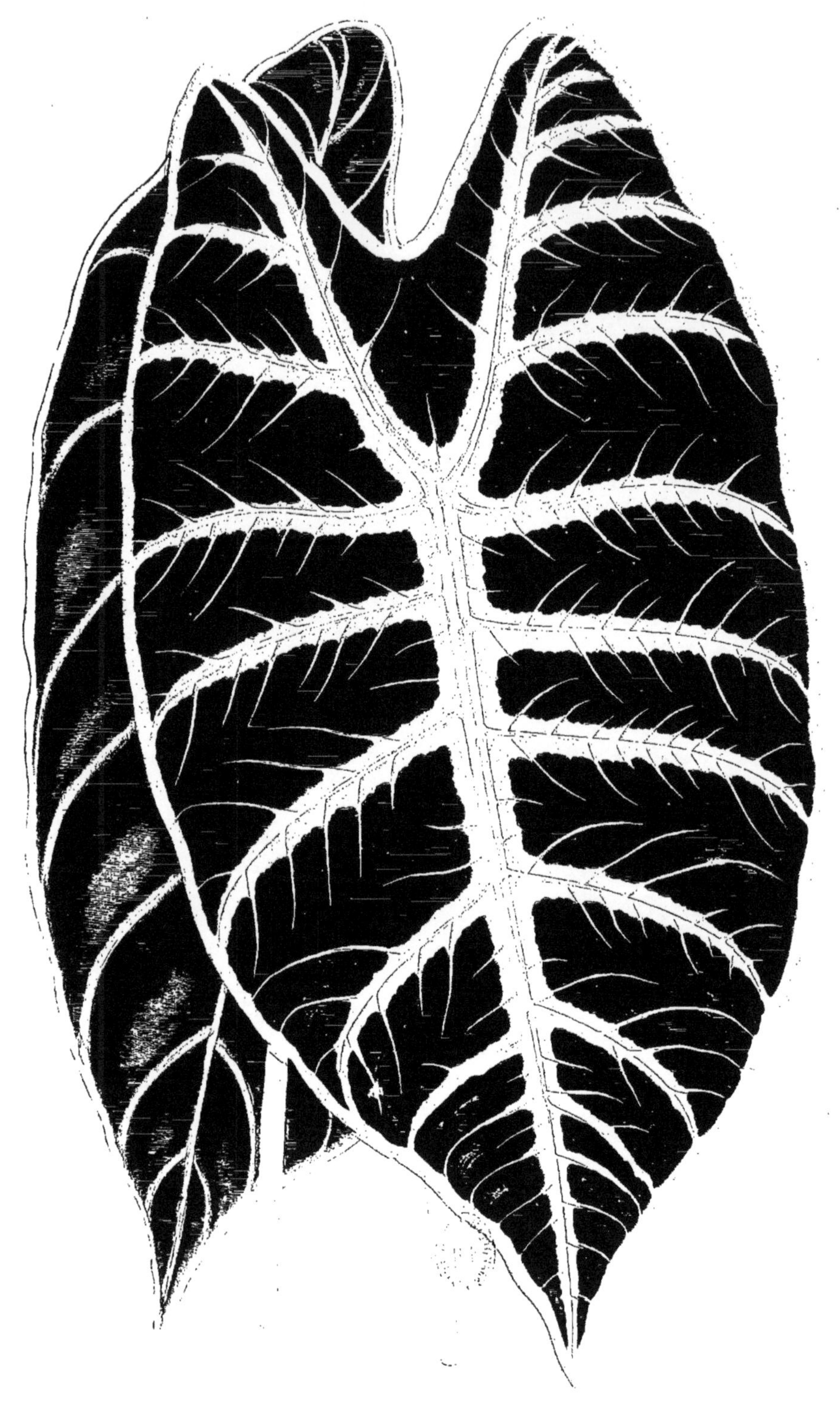

Les Plantes à Feuillage.

J. Rothschild, Editeur.

ALOCASIA LOWII.

Var. Picta.

XXIX

ALOCASIA LOWII, VAR. PICTA.

ALOCASE DE LOW A FEUILLES BIGARRÉES. (PL. 29)

— AROÏDÉES. —

Au sujet de l'histoire de cette plante si ornementale par son magnifique feuillage bicolore, dans le *type* et la *variété*, l'auteur anglais qui le premier les a décrits et figurés ne nous donne que des renseignements incomplets: „Ils ont été introduits récemment des îles de l'Archipel malais, et notamment de Bornéo, chez MM. Hugh Low et fils, horticulteurs à Clapton (près Londres).“

Nous ne devons nous occuper ici que de la variété dont précède l'appellation ci-dessus.

Comme dans la généralité des plantes de cette belle et intéressante famille, le rhizome est un tubercule, ici cylindracé, allongé, et dont la partie au-dessus du sol (véritable caudex) est annelée par les vestiges des anciens pétioles et n'en émettant qu'un à la fois, mais formant touffe, en raison des individus voisins. Ils sont cylindriques, hauts de 35 à 40 centimètres environ, d'un brun rougeâtre, finement maculés. Le limbe foliaire, ovale et en forme de flèche, est aussi plus long que le pétiole, sur lequel il s'insère au point de la bifurcation des deux maîtresses nervures, ce qui le rend *pelté;* diamètre moyen : 12 à 14 centimètres. La face inférieure est d'un violet sombre, où souvent les nervures reparaissent en rouge ferrugineux; la supérieure, d'un vert foncé, luisant, bordée de blanchâtre, montre ses nervures principales largement bordées de la même teinte ou de glauque.

Le scape sort d'une courte gaîne à la base du pétiole et est plus court que lui ; les écailles foliacées qui l'enveloppent sont rapprochées, agréablement piquetées de rouge. La spathe, d'un jaune pâle, lavée de rouge au sommet, d'un vert pâle à la partie convolutée, n'a rien, ainsi que son spadice, qui les différencie des congénères.

C'est donc en somme, et nous le répétons volontiers, une charmante plante, dont la vue réjouira l'amateur.

Sous le rapport médical, ses propriétés, comme celles de la plupart des Aroïdées, sont fort suspectes; on peut toutefois tirer de ses tubercules, préparés *ad hoc*, une farine ou *arrow-root*, qu'il est bien plus facile et moins dispendieux d'obtenir d'autres plantes.

Sa culture n'offre aucune difficulté réelle; elle exige, comme l'indique son habitat, une assez grande somme de chaleur ; la serre à Orchidées indiennes lui convient donc parfaitement, ainsi qu'une terre légère, sablonneuse, mais assez riche en humus (*détritus végétaux*) et tenue fraîche tout le temps de la végétation; avec repos complet après la cessation de celle-ci ; c'est dire aussi : cessation alors presque absolue de la mouillure.

La multiplication ne peut guère avoir lieu sous nos climats que par la séparation des petits tubercules que le rhizome émet chaque année.

Les Plantes à Feuillage. J. Rothschild, Editeur.

RHAPIS FLABELLIFORMIS, FOLIIS VAR.

XXX

RHAPIS FLABELLIFORMIS FOLIIS VARIEGATIS.

RHAPIDE A FEUILLES EN FORME D'ÉVENTAIL PANACHÉES. (Pl. 30.)

— PALMIERS. —

Les *Rhapis* (de *rhaphis*, aiguille; allusion à la longueur des graines qui sont des sortes de fibrilles) sont originaires de la Chine ou de l'archipel Indien; mais l'espèce *flabelliformis* vient des îles Liuku, où elle croît spontanément.

Dignes de toutes leurs congénères, ce sont bien là des plantes que leur port gracieux et la majesté de leur feuillage ont fait désigner par Linné sous le nom de Princes, lorsqu'il a voulu, dans un moment d'enthousiasme, diviser par castes ou classes son peuple favori.

Connu au Japon ou en Chine sous les noms vulgaires de *Sodio* et de *Sjuro*, qui lui ont été conservés par Kæmpfer, le *Rhapis flabelliformis* occupe un rang distingué dans la famille des Palmiers, tribu des Coryphées, non seulement par la libre élégance de son feuillage et sa rusticité, mais encore parce que, selon Roxburgh, Wallich, etc., ses tiges forment d'excellentes cannes, auxquelles les Anglais ont donné le nom de *Ground Rottan*.

Les *Rhapis* sont des plantes à tiges presque semblables à celles d'un roseau, pouvant s'élever de 2 à 3 mètres, à nœuds espacés, ornées de feuilles étalées en éventail, à divisions profondes, linéaires, dentées, irrégulièrement tronquées et portées par un pétiole inerme.

Dans la variété à feuilles panachées, le limbe, d'un beau coloris vert foncé un peu brillant, est parcouru, dans le sens de la longueur des divisions au nombre de cinq à sept, par des bandes d'inégale largeur, d'un jaune plus ou moins intense et qui, même en se dégradant, approche du blanc.

Enfin, outre que cette panachure franchement fixée rend cette plante précieuse pour la décoration des appartements pendant l'hiver, aucun autre membre de cette famille princière ne s'y conserve aussi bien et aussi longtemps.

Les *Rhapis* réclament la serre tempérée (la variété à feuilles panachées, pourtant, se plaît mieux en serre chaude), de la terre de bruyère légèrement tourbeuse, peu divisée, des arrosements et des bassinages, qui, souvent réitérés pendant la végétation, deviendront de moins en moins fréquents à l'approche et pendant la période de repos. Enfin (et comme pour presque tous les Palmiers du reste), il faut avoir bien soin, lors des rempotages, de ne jamais couper les racines.

Les Plantes à Feuillage.

J. Rothschild, Editeur.

SMILAX MACROPHYLLA.

XXXI

SMILAX ORNATA.

SMILAX A FEUILLE ORNÉE. (PL. 31.)

— SMILACÉES. —

D'où vient le nom *Smilax?* Est-il dû au créateur du genre qui, admirateur de la nymphe de ce nom qu'Ovide fait épouser à Crocus, aurait voulu faire revivre un nom oublié? Est-ce par allusion à l'âpreté de ses tiges, comme le veut l'auteur, qui fait dériver ce nom du mot grec *smilè* (grattoir)? Est-ce enfin pour nous rappeler que les Grecs avaient autrefois donné le nom de *Smilax* à une plante aujourd'hui indéterminée?

C'est là sans doute ce que personne pas plus que nous ne saurait expliquer.

Originaire du Mexique, où l'aurait découvert le botaniste-explorateur M. Ghiesbreght, le *Smilax ornata*, envoyé à M. Amb. Verschaffelt, horticulteur à Gand, a été d'abord cultivé et répandu en Europe sous le nom de *Smilax macrophylla maculata*.

C'est une plante sous-frutescente, grimpante, dont les cirres s'enroulent après les végétaux ou objets environnants. Les tiges cylindriques sont armées de robustes aiguillons. Les feuilles, portées par un pétiole orné en dessus de deux longs cirres, sont sillonnées par trois fortes nervures (la médiane plus saillante), et semblent divisées longitudinalement en quatre parties.

De forme variable, ces feuilles sont ovales, cordiformes à la base, mucronées au sommet, longues de 20 à 25 centimètres lorsqu'elles sont près du sol, tandis que les caulescentes deviennent ovales-oblongues, à peine cordées à la base et très souvent falquées.

Dans toute condition, le limbe, dont chaque portion comprise entre les nervures principales est vert foncé brillant, est boursouflé et traversé dans le sens de la longueur par une large macule d'un blanc argenté.

Ainsi que le montre la planche coloriée ci-contre, cette macule, de forme et de dimension irrégulières, est parfois érosée et granulée sur les bords, parfois encore divisée par des intervalles où le fond la traverse et forme une mosaïque.

On trouvera facilement à utiliser cette jolie plante, soit pour tapisser les murs et les colonnes d'une serre, soit pour en masquer le faîtage. Dans ce dernier cas, les jeunes rameaux dirigés dans le sens de la longueur de la serre, formeront, en retombant, de magnifiques guirlandes.

Elle réclame la serre chaude (au moins une bonne serre tempérée), une terre de bruyère sablonneuse, de fréquents arrosements et bassinages; enfin elle se multiplie facilement de boutures.

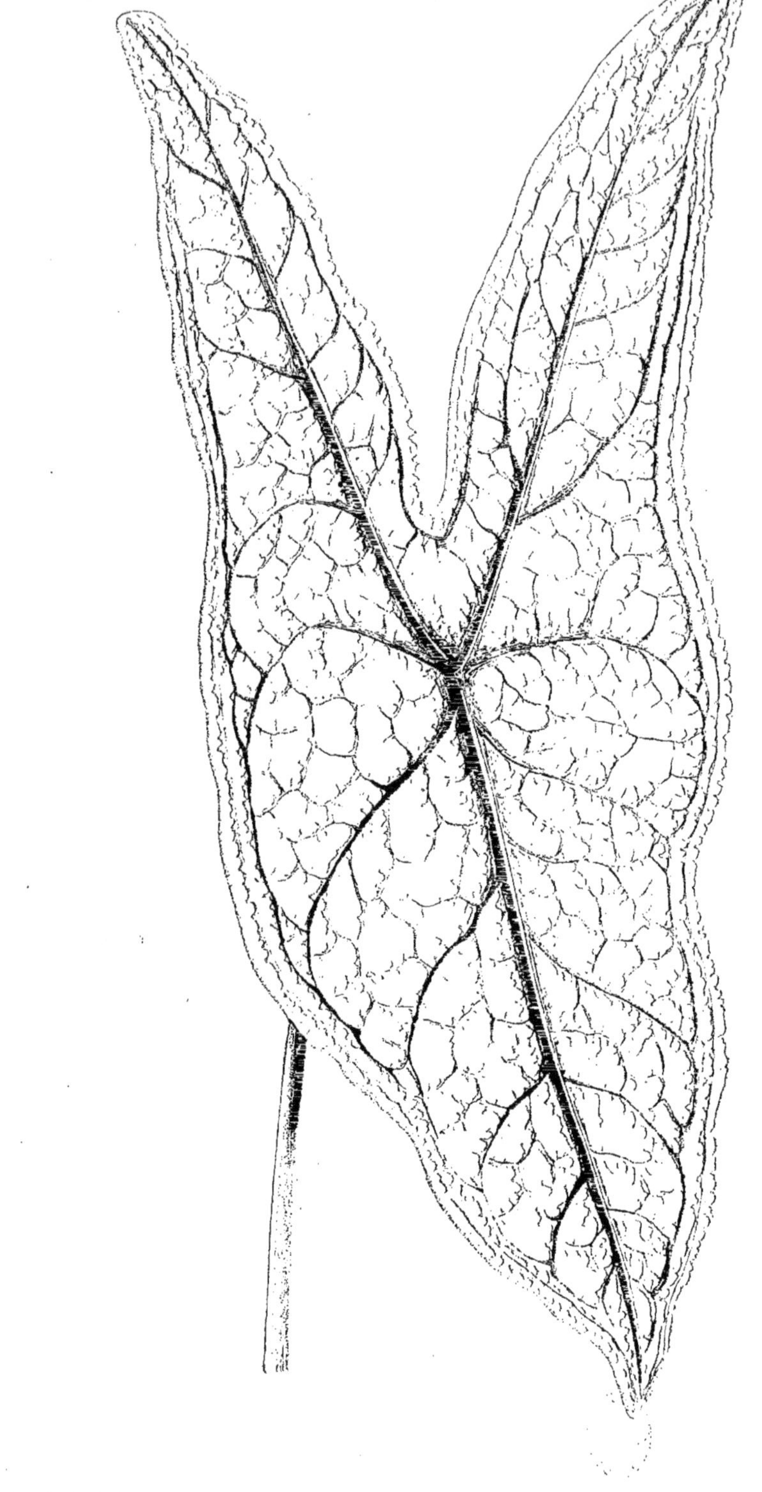

Les Plantes à Feuillage. J. Rothschild, Editeur.

CALADIUM BELLEYMEI.

XXXII

CALADIUM BELLEYMII.

CALADIUM DE BELLEYME. (Pl. 32.)

— AROÏDÉES. —

Légère altération du mot grec *calathion*, petite corbeille, et allusion sans doute à la forme de l'enveloppe (*spathe*) qui recouvre l'inflorescence chez ces plantes.

Ce joli Caladium est un de ceux découverts par M. Baraquin, dans la province brésilienne de Para, et qui ont été introduits chez M. Chantin, horticulteur à Paris, qui le premier, en 1858, les a mis dans le commerce, et a dédié celui-ci à M. de Belleyme, amateur très distingué. Tout le monde sait quelle sorte de révolution horticole ces Caladium ont opérée dans les jardins et avec quel enthousiasme ils ont été accueillis. C'est qu'aussi jamais jusque-là, si nous exceptons l'ancien *Caladium bicolor*, on n'avait vu des plantes à feuillage si brillant, si élégamment bigarré, moucheté, piqueté, strié, etc., de macules aussi nombreuses, aussi nettes et d'un coloris aussi vif.

Celle dont il s'agit ici n'est pas une des moins intéressantes entre toutes, par ses grandes et magnifiques feuilles maculées ou marbrées de blanc pur sur un fond d'un vert sombre, avec de larges nervures vertes également et ramifiées. Elles atteignent de 20 à 30 centimètres et plus de longueur, sur un diamètre de 8 à 10 centimètres au moins.

Leur forme est celle d'une haste ou fer de flèche, allongée en pointe au sommet ; profondément échancrées à la base en deux parties divergentes, elles s'insèrent beaucoup plus bas, vers le milieu de la longueur, sur un pétiole rougeâtre. Là, le limbe est creusé, enfoncé au centre ; les bords en sont largement ondulés et ornés en dedans d'un double rang de points blancs.

L'inflorescence diffère peu de celle des congénères, du *Caladium bicolor* notamment.

Qu'on les tienne en vases (abondamment drainés alors) ou en pleine terre (celle-ci drainée en dessous par une épaisse couche de plâtras, ou de tuiles, ou de briques concassées). Toutes aiment la chaleur et l'humidité pendant le temps de leur végétation ; mais quand vient la *fanaison* des scapes et des feuilles, il faut cesser peu à peu la mouillure, de manière à bientôt laisser sécher la terre des vases. Puis six semaines ou deux mois environ après, au moment où il convient de changer la terre, on enlève les petits tubercules qui ont dû se former autour du principal, et qu'on traite dès lors pour la multiplication comme la plante mère ; il serait cependant préférable de ne relever les tubercules mères que tous les deux ou trois ans, même quatre ans ; seulement dans ce cas la pourriture est à craindre.

Les Plantes à Feuillage. J. Rothschild, Editeur.

ALTERNANTHERA SESSILIS.

Var. Amoena.

XXXIII

ALTERNANTHERA SESSILIS, Var. AMŒNA.

ALTERNANTHÈRE A FLEURS SESSILES. (Pl. 33.)

— AMARANTACÉES. —

(*Alternus*, alterne ; *anthera*, du grec *antheros*, fleuri ; mot hybride : *anthère*, en Botanique.)

L'habitat de cette plante, ou plutôt celui du type, est tellement vaste, qu'il serait impossible d'indiquer avec précision la localité originaire où il a pris naissance ; ainsi on la dit répandue dans une grande partie de l'Inde, dans les archipels qui en dépendent, dans l'Amérique méridionale, dans les grandes Antilles, dans l'Afrique australe, et même en Europe sur les bords de la mer Caspienne.

La gracieuse variété dont nous devons nous occuper ici spécialement, est *unique* probablement, et *spontanée* au Brésil, d'où l'a reçue une grande maison d'horticulture belge (A. Verschaffelt), en compagnie de quelques congénères non moins brillantes ; nous manquons, au sujet de son histoire, de documents plus explicites.

Elle forme des touffes épaisses, vivaces, hautes environ de 15 à 20 centimètres, consistant en de nombreuses branches cylindriques, légèrement poilues, surtout aux articulations foliaires, où elles sont légèrement renflées. Les feuilles sont un peu épaisses, en spatule, aiguës au sommet avec un court mucron (pointe) ; elles varient considérablement de coloris : ainsi le brun cuivré, le rouge, le cramoisi, le rose, l'orangé, le disputent au vert sur les deux faces. Les plus grandes mesurent 5 centimètres de longueur, sur 2 centimètres dans leur plus grand diamètre. On voit tout de suite que dans ces riches et variables panachures est tout le mérite, et c'est beaucoup, chez la plante en question ; car les fleurs, comme ordinairement dans les individus de cette intéressante famille, sont absolument insignifiantes ; elles sont blanchâtres, extrêmement petites, et disposées en petits bouquets sessiles dans les aisselles des feuilles.

Rien de plus aisé que sa culture. On la tient en vases, ou en bordure, en ayant soin d'en pincer souvent les branches, pour la faire ramifier : car alors elle fera d'autant plus d'effet qu'elle sera plus courte et plus touffue. La serre chaude ou une bonne serre tempérée lui conviennent également, et même le plein air pendant toute la belle saison ; on en avait disposé une grande quantité en bordure au bas des *Canna atronigricans* dans les promenades de la ville de Paris, et elles y ont produit un très bel effet. On la plantera dans un sol riche et assez compact, qu'elle épuisera promptement, et qu'il faudra renouveler tous les ans. Arrosements abondants, multiplication facile par la division des touffes.

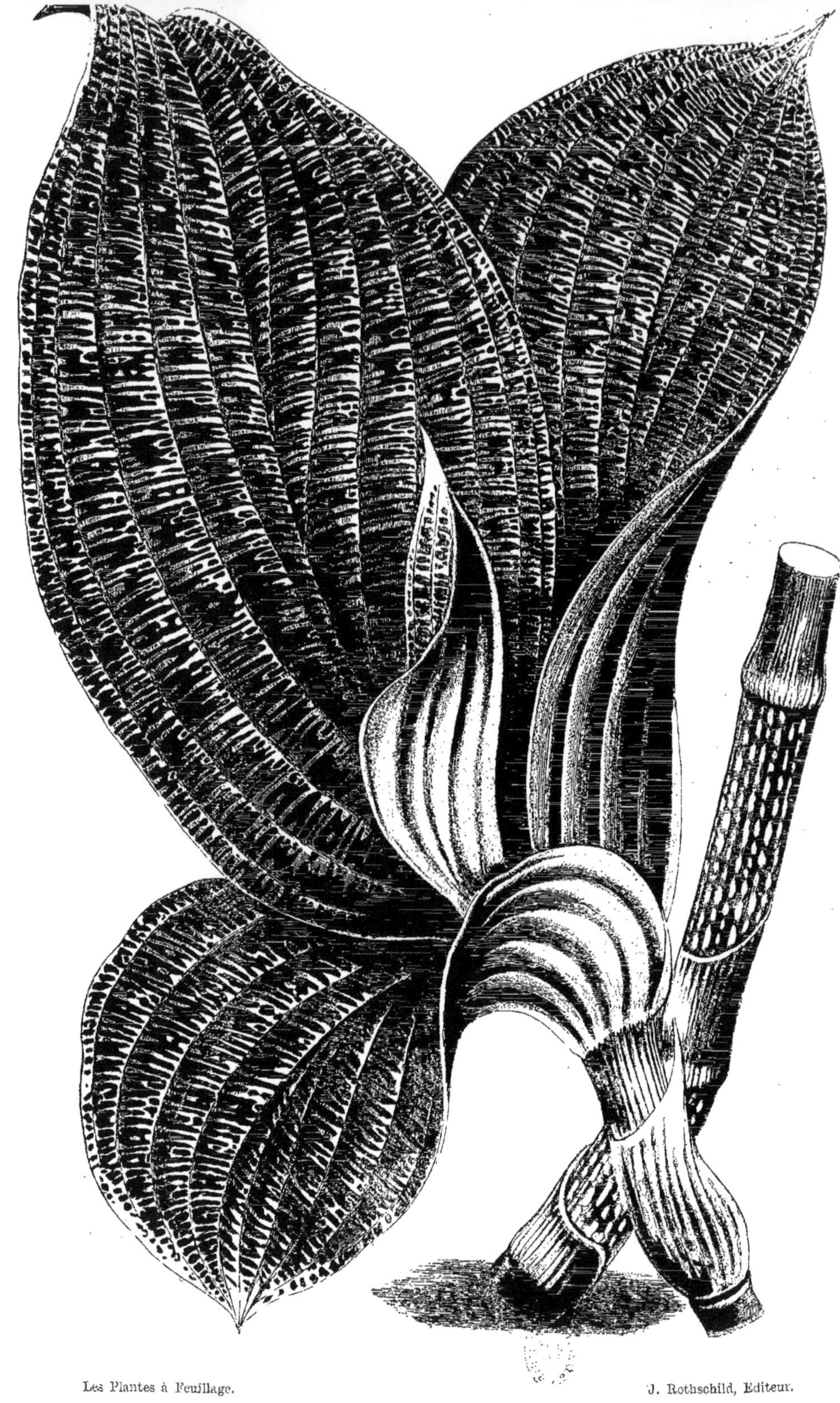

Les Plantes à Feuillage. J. Rothschild, Editeur.

DICHORISANDRA MOSAICA.

XXXIV

DICHORISANDRA MOSAICA.

DICHORISANDRE A FEUILLE PEINTE EN MOSAÏQUE. (PL. 34.)

— COMMÉLINÉES. —

Encore une plante dont la découverte, faite au Brésil, près des sources de l'Amazone, est due à l'infatigable persévérance du botaniste-explorateur M. Wallis.

En présence des efforts incessants, des sacrifices de temps, d'argent et quelquefois même des dangers qu'entraînent la conquête et la vulgarisation de chacune de ces plantes étrangères qui viennent orner nos salons ou embellir nos serres ou nos jardins, nous voudrions pouvoir raconter l'histoire d'un de ces hardis voyageurs qui bravent des climats souvent meurtriers, entreprennent des voyages lointains, gravissent les montagnes, descendent dans les gorges, se font parfois suspendre le long de la paroi unie des rochers pour cueillir une de ces fleurs charmantes que nous admirons ensuite tranquillement, sans nous douter des peines et des travaux qu'elles ont coûtés.

Malheureusement le cadre de cet ouvrage ne nous permet pas d'entreprendre cette tâche; aussi passerons-nous de suite à la description du *Dichorisandra mosaica*, qui nous occupe. Et encore, quand nous disons description, nous nous trompons, car aucun mot ne pourrait rendre la beauté de cette plante ; c'est une esquisse et non une peinture que nous en ferons.

C'est une plante herbacée, à tiges de couleur vert foncé noirâtre, maculé en damier de taches vert clair, pouvant atteindre 30 à 50 centimètres de hauteur, munies de feuilles largement ovales, oblongues, de couleur rouge violacé pourpre en dessous, tandis que le dessus, d'un vert noirâtre obscur, est traversé en tous sens par des lignes de couleur vert tendre simulant une charmante mosaïque. De plus, et comme si le Créateur s'était complu dans son ouvrage, il a donné au *Dichorisandra mosaica*, outre ce dessin dont la délicatesse infinie suffirait à faire la réputation d'une plante, des fleurs en thyrse terminal, d'un aspect charmant rehaussé encore par un beau coloris blanc et bleu.

Elle exige la serre chaude et humide ; la terre de bruyère, un jour diffus et jamais le courant d'air, des arrosements et des bassinages aussi abondants que fréquents pendant sa végétation. De plus, il ne faut pas oublier de mouiller très légèrement (bassiner), mais aussi souvent que possible, pendant la période du repos, le vase et la superficie de la terre, afin d'empêcher une espèce d'araignée rouge, son ennemie, de s'y loger.

Sa multiplication s'opère par division ou par semis faits sur une bonne couche chaude au printemps.

J. Rothschild, Editeur.

PEPEROMIA ARGYREA.

XXXV

PEPEROMIA ARGYREA

PÉPÉROMIE ARGENTÉE. (Pl. 35.)

— PIPÉRACÉES. —

Dire que le genre *Peperomia* (du grec *peperi*, poivre) a été créé par MM. Ruiz et Pavon, auteurs de la flore du Chili et du Pérou, c'est indiquer que tous les membres de ce genre sont originaires des contrées chaudes auxquelles Dieu semble avoir donné en partage le monopole de la production de toutes ces plantes dont les fleurs ou le feuillage sont l'expression suprême de la richesse et de la beauté.

C'est en effet au Brésil que M. Weir, voyageur de la Société royale d'horticulture d'Angleterre, a trouvé le *Peperomia argyrea*, petite plante à feuilles fond vert, épaisses, peltinervées, oviformes, portant à la face supérieure neuf à onze nervures principales, légèrement en relief et convergeant du point d'intersection du pétiole vers les bords, soit en suivant une ligne droite, soit en décrivant une courbe gracieuse.

Entre ces nervures principales, d'un vert foncé comme les petites nervures qui s'y rattachent, et les bords de la feuille, se trouve une bande argentée, granulée et marbrée.

Examinées à la loupe, ces bandes, dont chaque partie semble terminée par un morceau de glace ou de diamant, révèlent une infinie délicatesse de tissu. Vues au soleil ou à la lumière, on croirait qu'elles sont couvertes de cristallisations.

L'inflorescence, qui se fait en un épi, est portée sur une hampe de couleur rouge et terminée par une sorte de chaton dépassant de 10 à 15 centimètres la hauteur des feuilles.

Remarquable par la beauté de coloration et la forme aussi coquette qu'originale de son feuillage, cette Pépéromie sera très avantageusement employée dans la décoration, soit des salons, où elle pourra, à cause de sa rusticité, rester sans inconvénient pendant plus de quinze jours, soit dans les serres chaudes, sèches ou humides. (Elle préfère cependant le séjour de ces dernières.) Enfin, comme dernière qualité précieuse, disons qu'aucun insecte ne s'attaque à son feuillage.

Qu'elle soit placée en pleine terre ou en pot, elle exige une terre de bruyère plutôt tourbeuse que sableuse, des arrosages et des bassinages proportionnés à l'élan de la végétation.

La multiplication s'opère de boutures faites soit avec des rameaux, soit avec des feuilles.

Nous avons admiré cette jolie plante dans l'établissement de MM. Veitch, horticulteurs à Londres, et chez MM. Thibaut et Keteleer, horticulteurs à Sceaux, près de Paris.

Les Plantes à Feuillage. J. Rothschild, Editeur.

CANNA ATRONIGRICANS.

XXXVI

CANNA ATRONIGRICANS.

BALISIER POURPRE NOIRATRE. (Pl. 36.)

— CANNACÉES. —

Bien que certains *Canna* soient originaires de l'Asie, presque toutes les espèces introduites viennent d'Amérique. Willdenow, en 1797, n'en citait que quatre espèces : aujourd'hui on ne compte ni les espèces ni les variétés, tant le nombre en est considérable !

Le *Canna atronigricans* vient se placer parmi les plus remarquables et forme une variété toute française, puisqu'elle a été trouvée à Paris dans le jardin de M. Année, amateur très distingué.

Le *Canna atronigricans* s'élève à 1^{m},50 environ; ses feuilles, ovales, oblongues et ondulées sur les bords, sont d'un pourpre noirâtre foncé à reflets métalliques.

L'emploi des Canna pour la décoration des jardins est toute récente, puisqu'avant 1852, ces magnifiques végétaux n'étaient encore cultivés qu'en serre chaude; c'est à M. Barillet, jardinier en chef de la ville de Paris, que l'on doit leur introduction dans la culture pratique, où ils ont obtenu le plus grand succès.

Par la diversité de forme, d'aspect, de grandeur et de coloris du feuillage, ainsi que par celle de la hauteur de leurs tiges (variant du nain au géant), ils sont supérieurs aux autres plantes pour la formation des massifs, pour les groupes à placer isolément sur le gazon, pour former des rideaux de verdure, et enfin pour garnir les bosquets nouvellement plantés de jeunes arbres.

En hiver, ils forment l'ornement des serres et conservatoires, où, sans beaucoup de soins, ils se couvrent de fleurs élégantes.

Ce sont des végétaux très rustiques bien que voraces, d'une conservation et d'une culture faciles. Ils ne réclament, en effet, qu'une terre de jardin riche en humus, et de fréquents et copieux arrosages pendant la végétation.

Une cave très saine, dans laquelle la gelée ne pénètre pas, suffit pour conserver pendant l'hiver les rhizomes, qui devront être replantés au mois de mai.

On en fait la multiplication : 1° en séparant les rhizomes sur couche chaude, recouverte de châssis, mais seulement lorsque la végétation a commencé; 2° par semis qui doivent être également faits sur couche chaude.

Les Plantes à Feuillage.

J. Rothschild, Editeur.

COLEUS BLUMEI.

Var. Marshalli, Murrayi, Telfordi.

XXXVII

COLEUS BLUMEI, MURRAYI, MARSHALLI, TELFORDI.

COLÉE DE BLUME, DE MURRAY, DE MARSHALL, ETC. (Pl. 37.)

— LABIÉES. —

S'il fallait expliquer le privilège dont jouissent les plantes à feuillage coloré, il suffirait de rappeler que dans les jardins des villes ou dans les appartements, les plantes à fleurs, soit par le manque d'air, soit par défaut de lumière ou de soleil, ne produisent le plus souvent que des fleurs étiolées, rares et d'une durée restreinte. Les plantes à feuillage coloré, au contraire, brillent continuellement de ces teintes vives et variées qui charment les yeux dans l'intérieur des appartements, et forment dans les jardins ces contrastes aussi gracieux que bizarres.

Le *Coleus Blumei*, comme la plupart de ses congénères, originaire de Java, est une plante touffue, à tige quadrangulaire, à rameaux de même forme, ornés de feuilles pétiolées, opposées, ovales, fortement dentées, présentant à la face supérieure une grande tache d'un rouge pourpre souvent accompagnée de petites macules de même nuance entourées de vert jaunâtre, et dont le dessous est vert clair avec les nervures saillantes. Une inflorescence en épi allongé termine les rameaux; la corolle est bilabiée, la lèvre supérieure de couleur blanche, l'inférieure d'un beau bleu violacé.

Cette plante appartient exclusivement à la serre chaude. Toutefois elle convient à la décoration des serres et des appartements, dans lesquels elle produit un fort bel effet.

La terre qui convient plus spécialement à la culture en pots des *Coleus* est un compost formé de terreau de feuilles, de terre franche et de terre de bruyère par parties égales. Ils aiment la lumière et exigent une chaleur soutenue, surtout pendant l'hiver.

Multiplication facile par boutures.

Outre le *Coleus Blumei*, nous recommandons spécialement le *Coleus Murrayi*, à feuille fond vert moucheté de rouge pourpre; le *Coleus Marshalli*, à feuillage très élégant, tantôt d'un rouge pourpre, tantôt chocolat bordé de vert brillant; enfin le *Coleus Telfordi aureus* est une plante très frêle, mais d'une coloration brillante et distinguée (fond vert d'or avec des bandes rouge pourpre au milieu de la feuille).

Les Plantes à Feuillage.

J. Rothschild, Editeur.

SOLANUM MARGINATUM.

XXXVIII

SOLANUM MARGINATUM.

MORELLE A FEUILLE MARGINÉE. (Pl. 38.)

— SOLANÉES. —

C'est surtout depuis le moment où l'emploi des plantes à feuillage ornemental s'est généralisé dans les cultures horticoles, que bon nombre d'espèces et de variétés de *Solanum*, plantes vigoureuses d'une grande diversité de formes encore enrichies par des colorations tranchantes et une floribondité remarquable, sont devenues précieuses pour la décoration des jardins, et surtout le *Solanum marginatum*, dont rien ne saurait égaler le port gracieux, la forme originale ou le brillant argenté du feuillage.

Originaire de l'Abyssinie, notre Morelle à feuille marginée est un arbuste pouvant atteindre 2 à 3 mètres de hauteur, dont la tige, les rameaux et même les nervures des feuilles, pour ainsi dire saupoudrés d'argent, sont garnis d'aiguillons raides et de couleur jaune au sommet. De plus, se ramifiant naturellément, il forme en très peu de temps et sans le secours de la culture de jolis buissons d'un effet très pittoresque, surtout si on les oppose à des massifs formés de plantes à feuillage vert foncé.

Les feuilles, de couleur vert brillant et recouvertes d'un léger duvet en dessous, sont vernissées, satinées de blanc et agrémentées par un liséré blanc qui en suit tous les bords en dessus.

Aux fleurs en grappes terminales, penchées, de couleur blanche, succèdent des fruits ou baies globuleuses, qui prennent une teinte jaunâtre lors de la maturité.

Comme tous les végétaux originaires de l'Abyssinie, il ne peut être cultivé que pendant l'été dans les jardins, où (sur les gazons, soit isolé, soit en groupe de trois ou cinq, ou en massifs) il réclame un sol riche, plutôt léger que compact, des arrosages et des bassinages abondants et fréquemment renouvelés. On pourra même, deux ou trois fois par mois, mélanger à l'eau destinée aux arrosements une certaine quantité d'engrais facilement solubles.

A l'automne on relèvera les pieds qui, mis dans des pots, seront, à défaut de serre chaude, portés dans une bonne serre tempérée où ils resteront pendant tout l'hiver.

Bien que la reproduction du *Solanum marginatum* s'opère facilement de bouture, nous conseillons, si l'on veut avoir des sujets vigoureux, de recourir au semis. Dans ce cas, on sèmera les graines au mois de septembre sur couche tiède, puis on repiquera, dans des pots de 10 à 15 centimètres de diamètre, les jeunes sujets, qui seront, comme les pieds relevés dans les jardins, placés dans une serre jusqu'au mois de mai, époque de la plantation en plein air.

Les Plantes à Feuillage. J. Rothschild, Éditeur.

PERILLA NANKINENSIS.

XXXIX

PERILLA NANKINENSIS.

PÉRILLÉE DE NANKIN. (Pl. 39.)

— LABIÉES. —

La place donnée à cette plante prouve que, loin d'être exclusive dans ses goûts, l'horticulture favorise au contraire tout choix ayant pour but de tirer le meilleur parti possible des richesses créées par la nature, et en outre d'établir que les plantes de serre ne sont pas les seules qui possèdent le don de l'harmonie des contrastes, mais que les végétaux de pleine terre ont, eux aussi, du pittoresque et produisent des effets décoratifs rehaussant encore la beauté des premières, lorsqu'ils sont disposés avec art.

C'est ainsi que le *Perilla nankinensis* (*Perilla*, plante dédiée à

Périllée, fille d'Icarius et de Peribée), plante annuelle originaire de la Chine, depuis longtemps déjà introduite en France, se trouve placée, bien que n'ayant que son très curieux feuillage et son port gracieux, parmi les végétaux à grand effet de nos parcs et jardins.

Les *Perilla* ont la tige quadrangulaire d'un rouge noirâtre, formant de belles pyramides ramifiées hautes de 50 à 80 centimètres, garnies de feuilles opposées (les jeunes sont frisées), ovales-lancéolées, aiguës, acuminées aux deux extrémités, gaufrées, fortement nervées, contournées sur elles-mêmes, bordées de grandes dents, remarquables par leur coloris noir pourpre à reflets métalliques : brillant en dessus, pourpre bronzé en dessous. Les fleurs sont peu décoratives, rouge violacé et disposées en grappes au sommet des branches.

Cette coloration du feuillage rend cette plante très précieuse pour garnir les parcs et jardins, soit en bouture autour des massifs d'arbres et d'arbustes, dans les plates-bandes ou même parmi les jeunes arbustes des massifs ; soit enfin plantée en masses dans des corbeilles bordées de plantes d'aspect et de coloris différents, ou placée en groupes au milieu des pelouses et gazons.

Le *Perilla* a une forte odeur balsamique ; on a même osé conseiller de le placer au nombre des plantes culinaires et d'employer ses feuilles comme succédané de la cannelle...?

La culture de cette plante est simple et facile : elle s'accommode d'une terre de jardin et prospère à toutes les expositions ; elle demande à être fortement arrosée pendant la végétation, surtout dans les terrains secs.

La multiplication se fait en mars par semis sur couche chaude, et la plantation dans le jardin au mois de mai.

Les Plantes à Feuillage. J. Rothschild, Editeur.

ACHYRANTHES VERSCHAFFELTII.

XL

ACHYRANTHES VERSCHAFFELTII.

ACHYRANTHE DE VERSCHAFFELT. (Pl. 40.)

— AMARANTACÉES. —

(Du grec *achyron*, paille; *anthè*, fleur : allusion à la ressemblance de celle-ci avec celle des graminées.)

Vrai nom *Achyranthes??? Verschaffeltii.* Illustration horticole, planche 409, *Iresine Herbstii*, Botanical Magazin, pl. 5499.

Cette brillante plante a été découverte tout récemment dans le Brésil à l'embouchure de l'Amazone, par un Français, M. Baraquin, établi dans cette vaste contrée, et introduite par lui en Europe, chez M. A. Verschaffelt, à Gand; un peu plus tard, chez M. Herbst (horticulteur, près de Richmond), qui la tenait de M. Mathews, lequel l'avait recueillie sur les bords du Mozabamba, non loin des sources de l'Amazone (Andes du Pérou). Le premier dénominateur, qui n'avait pu encore en observer l'inflorescence, l'avait provisoirement jointe à l'*Achyranthes* avec (???); M. Hooker, qui, plus heureux sous ce rapport, avait pu en voir les fleurs, l'a réunie au véritable genre auquel elle appartient.

Parmi les plantes à feuillage naturellement panaché, coloré, elle peut être rangée au nombre des plus belles, des plus éclatantes, par le vif et brillant coloris de ses feuilles, variant ainsi : *cuivré sombre, noir pourpré-sang, cramoisi foncé, avec nervures plus vives*, etc., à reflets chatoyants en dessus, et presque aussi foncé en dessous.

Livrée à elle-même, et dans de bonnes conditions, elle est suffrutiqueuse à la base, s'élève de 40 à 50 centimètres de hauteur, bien ramifiée et formant de la sorte une belle touffe. La tige et les branches en sont anguleuses, succulentes, un peu velues, colorées comme les feuilles et les pétioles. Dans la jeunesse les rameaux sont ornés à leurs articulations, légèrement renflées, d'une collerette de poils serrés, touffus, pendants.

Les feuilles, mesurant en moyenne 7 centimètres, sur un diamètre au moins égal, et portées par un assez long pétiole, offrent un curieux caractère : leur lame arrondie est très profondément échancrée au sommet en deux lobes également arrondis.

Les fleurs, extrêmement petites, très serrées, d'un vert pâle, sont disposées en assez grandes panicules terminales et latérales, rappelant par leur disposition celles des Graminées (Agrostacées); elles peuvent être utilisées avec avantage pour la confection des bouquets.

Pendant toute la belle saison elle peut être plantée à l'air libre, dans un sol riche, bien exposé aux influences solaires. Il faut en pincer les branches trop vigoureuses, pour l'obliger à se ramifier, et de la sorte on pourra la tenir en bordures.

A l'automne il faut la relever et la placer en pots bien drainés, dans la serre tempérée; on la multipliera facilement de boutures de rameaux, opérées sous cloche et sur une couche tiède.

Les Plantes à Feuillage.

J. Rothschild, Editeur.

ACER NEGUNDO FRAXINIFOLIUM VARIEGATUM.

XLI

ACER (NEGUNDO) FRAXINIFOLIUM VARIEGATUM.

ÉRABLE NEGUNDO A FEUILLES DE FRÊNE PANACHÉES. (Pl. 41.)

— ACÉRINÉES. —

Le type qui a fourni la variété qui nous occupe est un arbre très ordinairement connu sous le nom d'*Acer Negundo.* (*Acer* du mot celtique *ac* pointe : probablement parce que le bois de cet arbre était employé à faire des lances; *Negundo,* nom donné à cet arbre par les habitants du Malabar.) La croissance rapide, la forme élégante de son feuillage encore rehaussé par un coloris vert gai qui s'étend même aux jeunes rameaux, son bois recherché ici comme dans l'Amérique du Nord, d'où il fut importé il y a environ un siècle par l'amiral de la Gallisonnière, tout en fait un arbre qui réunit l'agréable à l'utile.

Linné l'avait classé dans le genre *Acer,* mais Mœnch trouva bon, sans doute pour faire passer son nom à la postérité, de créer le genre *Negundo*, genre caractérisé par des fleurs dioïques, apétales, paniculées, etc.

La variété dont est ci-contre la gravure coloriée, a pris naissance dans un fait de dichroïsme qui s'est produit sur une branche du type dans les pépinières de M. Froument, de Toulouse. Cet horticulteur, l'ayant observée, a pu la mettre à profit en la multipliant par la greffe sur le type même, dont elle ne diffère que par son feuillage orné d'une large panachure blanc d'argent, vergetée de vert, quelquefois de carmin, et produisant un très bel effet.

C'est un charmant arbuste, vigoureux, très pittoresque, soit qu'on veuille en planter un ou deux pieds parmi d'autres végétaux à feuillage vert sombre pour en obtenir des oppositions charmantes; soit qu'on le place en massifs qui simulent alors de gros amas de neige; soit enfin qu'il soit placé, isolément ou en groupe de trois à cinq, sur les pelouses où il produit d'autant plus d'effet qu'il est plus éloigné de l'observateur et dans des endroits où l'horizon est restreint et sombre.

Il est d'une culture facile et préfère un sol frais et une exposition abritée des grands vents. Sa multiplication se pratique aisément par la greffe en écusson, mais il faut employer pour sujet le *Negundo fraxinifolium*. Si l'on veut obtenir des arbustes bien conformés, il est indispensable, surtout dans l'âge adulte, d'opérer chaque année une taille raisonnée et plusieurs pinçages l'été.

Ainsi traités, les sujets seront aussi gracieux par la forme que par l'élégance et la coloration de leur feuillage. Nous renvoyons du reste les amateurs aux plantations exécutées avec cette belle variété, soit aux îles du bois de Boulogne, soit au parc Monceaux, cette délicieuse création dans laquelle l'homme semble avoir voulu lutter, par le placement artistique de chaque chose, avec la nature elle-même.

Les Plantes à Feuillage. J. Rothschild, Editeur.

PHALAENOPSIS SCHILLERIANA.

XLII

PHALÆNOPSIS SCHILLERIANA.

PHALÉNOPSE DE SCHILLER. (Pl. 42.)

— ORCHIDÉES. —

La découverte et l'introduction de la magnifique espèce de *Phalænopsis* (du grec *phalaina*, sorte de papillons crépusculaires, et de *opsis*, apparence, aspect) dont il s'agit spécialement ici, sont environnées de quelque obscurité; on paraît cependant assez d'accord pour les attribuer à feu Marius Porte, zélé collecteur de plantes, à qui la Botanique et l'Horticulture en particulier sont redevables de tant de superbes nouveautés, et qui succomba récemment dans sa dernière exploration. M. le consul Schiller, à Hambourg, paraît l'avoir reçue le premier des Philippines, en

1858. C'est de Manille que Marius Porte en avait aussi envoyé des individus au Muséum à Paris.

La nature s'est montrée extrêmement prodigue envers elle : dimensions et nombre des fleurs, coloris d'une fraîcheur et d'une délicatesse incomparables; feuillage des plus richement panachés qui se puisse voir, tout, sauf l'odeur, lui a été départi. Elle se plaît sur les grands arbres des Philippines, à quelques centaines de mètres d'altitude superocéanique, et de préférence sur leurs branches. Elle est acaule, et de son court rhizome émet de fortes et nombreuses racines blanches, élargies et brunâtres au sommet, au moyen desquelles elle se cramponne sur les écorces. Ses feuilles fasciées-zigzaguées de vert tendre sur un fond blanc (ou comme on voudra, *vice versa!*) paraissent varier en dimensions : ainsi on en cite qui mesurent 42 centimètres de longueur sur 14 centimètres de largeur, et leur panachure paraît varier de même quant à la disposition des macules.

Le scape floral part du rhizome et porte, selon les voyageurs qui ont observé la plante dans ses localités natales, jusqu'à 50 ou 100 fleurs à la fois; mais il s'en faut qu'il se montre aussi florifère dans nos serres, jusqu'ici du moins. Ces fleurs, formées de segments très inégaux en largeur, ont de 6 à 7 centimètres de diamètre et sont d'un beau rose tendre ; le labelle est maculé de jaune d'or et pointillé de rose vif.

Tenue en serre chaude, cela va sans dire, on fixera la plante sur une planchette ou une *bûchette* suspendue, de préférence à sa plantation dans du sphagnum et en pots; et comme dans ses stations natales on la trouve végétant là où la sécheresse est le plus longtemps dominante, on ne lui prodiguera pas les seringages. On la multipliera, *non sans difficulté*, par la séparation des jeunes rejetons.

Les Plantes à Feuillage. J. Rothschild, Editeur.

PASSIFLORA TRIFASCIATA.

XLIII

PASSIFLORA TRIFASCIATA.

PASSIFLORE, GRENADILLE OU FLEUR DE LA PASSION A MACULE TRIFIDE. (Pl. 43.)

— PASSIFLORÉES. —

Créé par Linné, le genre *Passiflora*, ainsi nommé du latin *passio*, passion, et *flos*, fleur, parce que, dit-on, les parties intérieures de la fleur représentent les instruments de la passion de Jésus-Christ, est connu vulgairement sous le nom de *Grenadille* à cause de la ressemblance de son fruit avec une grenade.

Quant à l'espèce nommée *trifasciata*, elle a été trouvée au Para (Brésil) par un des plus habiles botanistes-explorateurs, M. Baraquin.

Comme toutes ses congénères, c'est une plante grimpante, robuste, dont la fleur, encore inconnue, serait, d'après M. Baraquin, blanche et très odorante.

Toute sa beauté consiste donc jusqu'ici dans l'admirable coloration de son feuillage, dont, malgré la planche ci-jointe et notre description écrite, le lecteur aura encore de la peine à se faire une juste idée.

En effet, comment rendre bien saisissable le caractère de ces feuilles, distinctement découpées en trois lobes (le central plus grand), qui jeunes présentent, sur un fond vert foncé, trois bandes irrégulières de taches grises et de vert pâle suivant les principales nervures pour se réunir près du pétiole?

A la seconde période, le gris se change en rose violacé, ensuite en rouge foncé, et même quelquefois en rouge écarlate ou cocciné.

Plus tard, lorsque leur croissance est entière, des teintes violet foncé, brunes et marron se produisent au milieu des autres. Enfin, quand la feuille a atteint tout son développement, ces couleurs pâlissent dans l'ordre inverse de leur apparition, et la feuille est devenue presque blanche lorsqu'elle se détache de la tige.

Ajoutons, pour compléter le tableau, que la page inférieure, pourpre violacé dans la jeunesse, devient brun marron dans la vieillesse.

Le *Passiflora trifasciata* est une plante de serre tempérée, dont on pourra utiliser la beauté ornementale en la faisant grimper soit le long des treillages et des colonnes, soit le long du toit des serres, où elle formera de magnifiques écrans aux autres végétaux.

Elle réclame la terre de bruyère et de copieux arrosements pendant sa végétation; sa multiplication s'opère facilement de boutures. Nous l'avons admirée chez MM. Thibaut et Keteleer, horticulteurs à Sceaux, et dans les serres de la ville de Paris.

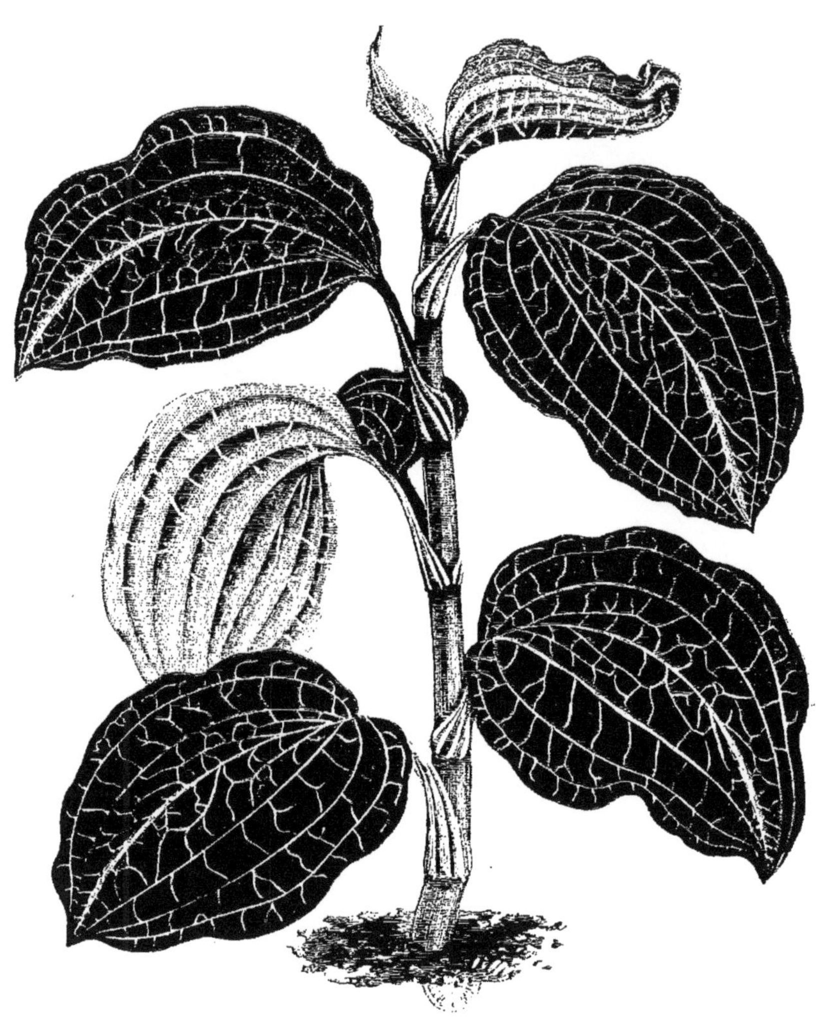

Les Plantes à Feuillage. J. Rothschild, Editeur.

ANŒCHTOCHILUS SETACEUS.

Var. Intermedius.

XLIV

ANŒCTOCHILUS SETACEUS, Var. INTERMEDIUS.

ANŒCTOCHILE A FILET D'OR. (Pl. 44.)

— ORCHIDÉES. —

Cette charmante Orchidée, peut-être la plus jolie plante à feuillage qui existe dans les bois de Ceylan, fut introduite en 1836 à Kew.

Sa beauté foliaire est telle, que le pinceau le plus habile aurait peine à la figurer.

Le coloris vert foncé des feuilles, leur apparence veloutée, les lignes d'or qui en parcourent la surface dans toutes les directions, tels sont les caractères qui constituent le mérite de cette belle Orchidée, dont les fleurs sont petites et insignifiantes.

Dans son pays natal, l'*Anœctochilus setaceus* croît dans les anfractuosités des roches ombragées, ce qui indique déjà les conditions principales de sa culture dans nos serres. Ceux qui l'ont cultivée ont reconnu qu'elle s'accommode, en fait de terrain, des débris à demi consommés de terre de bruyère mélangés de sphagnum, de petits tessons de poterie et de sable siliceux. D'autres emploient du terreau de feuille mélangé de terre de bruyère. Au total, sa culture pourrait se résumer ainsi : chaleur de 20 à 25 degrés centigrades ; sol parfaitement drainé, lumière diffuse, atmosphère humide et tranquille. On doit arroser avec modération, parce que les racines, tendres et charnues, pourrissent très facilement.

La multiplication s'opère au moyen de pousses qui, naissant du pied, ne doivent être détachées de la plante mère que lorsqu'elles ont déjà quelques racines. On les place sur couche chaude, isolément, dans de tout petits pots bien drainés et remplis de terreau mêlé de mousse, de sable, de terre de bruyère très sablonneuse, et l'on recouvre le tout d'une petite cloche. On rempote dans des vases plus grands, après la reprise, et l'on traite dès lors les jeunes plantes comme nous l'avons dit plus haut. En hiver, la température ne doit jamais descendre au-dessous de 15 à 16 degrés centigrades.

Les Plantes à Feuillage. J. Rothschild, Editeur.

GESNERIA EXONIENSIS.

XLV

GESNERIA EXONIENSIS.

GESNÉRIE D'EXETER. (Pl. 45.)

— GESNÉRIACÉES. —

Le *Gesneria exoniensis*, obtenu par hybridation dans l'établissement de MM. Lucombe, Pince et Cie, à Exeter, sera certainement un des plus jolis ornements de nos serres. Les fleurs, d'un rouge écarlate, paraissent en hiver ; les feuilles, largement ovales, plutôt cordiformes, bullées, vertes, sont couvertes d'une forte pubescence rouge, leur donnant une apparence de velours. La plante s'élève à une hauteur de 35 centimètres.

On emploie pour sa culture un mélange, par parties égales, de bonne terre franche, de terre siliceuse et de terreau de feuilles décomposé. La tige périt après la floraison, ce qui indique que la plante a besoin d'un certain temps de repos pendant lequel il faut, sinon totalement, du moins en grande partie, retrancher les arrosages et la mettre pendant deux ou trois mois dans un endroit de la serre un peu sec et un peu froid. Pendant ce temps, sa racine tuberculeuse se gorge de sucs pour reprendre avec vigueur sa végétation lorsque le moment en sera venu.

En mai on fait à la fois le nouvel empotage et la multiplication.

Une forte plante donne ordinairement cinq ou six tubercules, qui peuvent servir à la multiplier.

Après avoir débarrassé les tubercules de la vieille terre qui y est adhérente, on les détache du pied mère et on les plante à part, entiers ou coupés en trois ou quatre fragments, dans un pot suffisamment drainé et rempli du compost indiqué ci-dessus.

Les pieds mères, ainsi que les bulbes plantés entiers, qui seuls fleuriront abondamment en hiver, dès la première année, devront être rempotés en juillet, puis une troisième fois en septembre, parce que leur végétation, fort active, use vite la terre.

La chaleur qui convient à cette Gesnériacée est de 20 à 25 degrés centigrades en été, 16 à 20 en hiver. Tous ceux qui réussissent la culture des *Gloxinia*, *Achimenes* et *Begonia*, cultiveront très facilement cette belle Gesnérie.

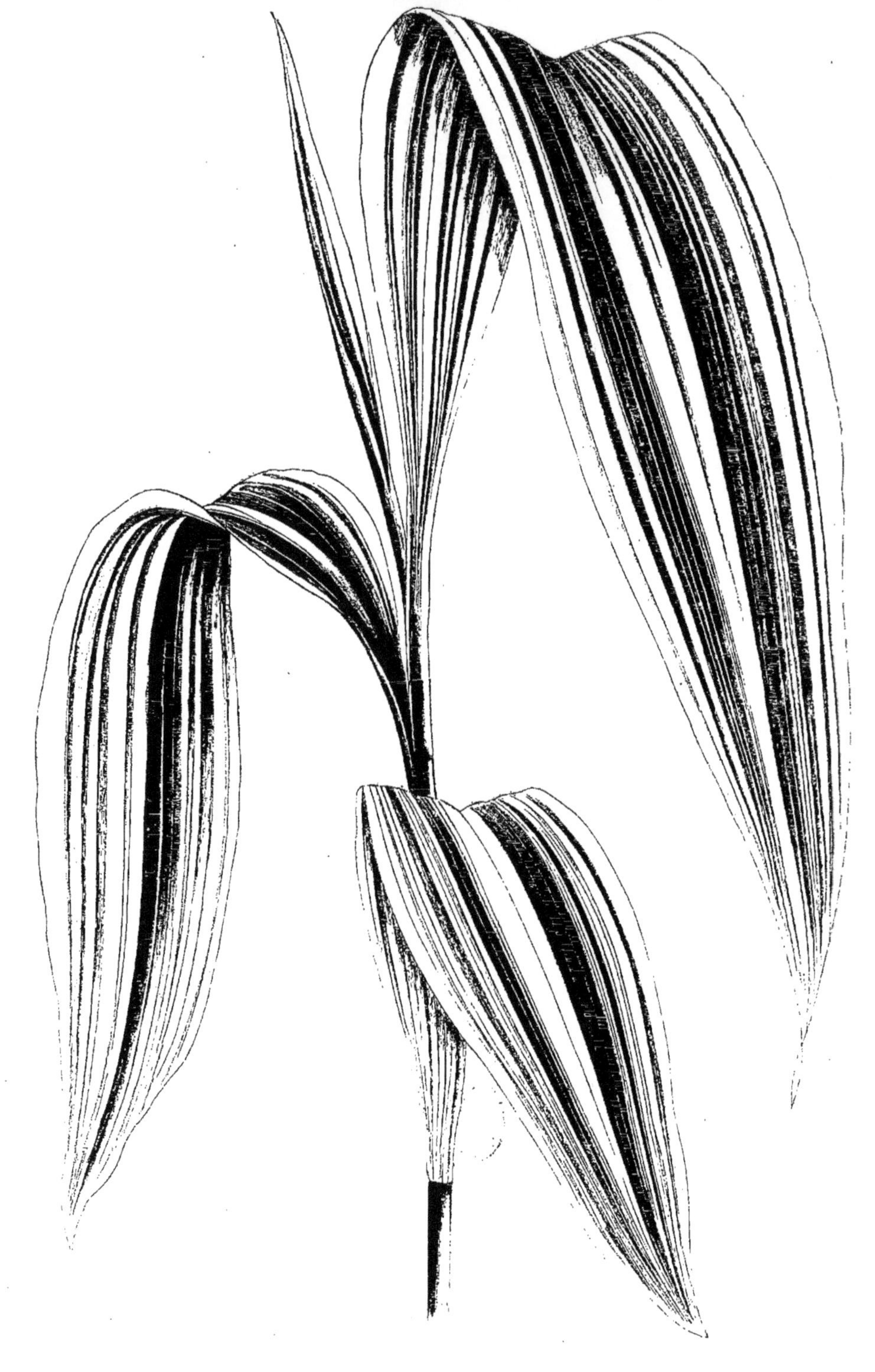

Les Plantes à Feuillage. J. Rothschild, Editeur.

PANICUM PLICATUM.

XLVI

PANICUM PLICATUM FOLIIS VARIEGATIS.

PANIC OU PANICAUT PLISSÉ A FEUILLES PANACHÉES. (Pl. 46.)

— AGROSTACÉES. —

On énumère dans les livres systématiques au delà de quatre cents espèces de *Panicum* (on fait venir le nom de *panis*, pain ?), toutes très voisines les unes des autres ; il serait donc fort difficile d'affirmer ici si la plante dont il s'agit est bien le *plicatum* des botanistes ou toute autre espèce, le *sulcatum* de Lamarck par exemple, etc.

Nous ne pouvons indiquer la patrie précise du type de ce panic, qu'on croit être de l'Inde, et qu'on tient dans les collections en serre chaude ou dans une serre tempérée. On sait que la variété figurée ci-contre a été trouvée dans un semis en Allemagne et mise dans le commerce il y a deux ans par la maison d'horticulture liégeoise Makoy et Cie, d'où la beauté de ses feuilles l'a bientôt fait introduire dans tous les jardins.

Elle est vivace; les chaumes en sont élancés, grêles, hauts d'un mètre environ, et portent quatre ou cinq nœuds d'où s'étendent des feuilles longuement engaînantes, acuminées, plissées, légèrement poilues sur les deux faces, ciliées, d'abord dressées, puis gracieusement étalées, recourbées. Elles sont en dessus, avec transparence en dessous, lignées longitudinalement de belles et larges stries d'un blanc pur, et marginées de rose sur les bords.

Ces chaumes se terminent par une panicule composée de nombreux épillets violacés de peu d'effet.

C'est une plante très convenable pour orner des suspensions et former des bordures dans un conservatoire chaud, mais il faut avoir soin de la *pincer* pour l'empêcher de monter. Il sera fort aisé de la multiplier par la division des rhizomes, et on aura soin de la planter dans une terre légère, sablonneuse, tenue un peu sèche.

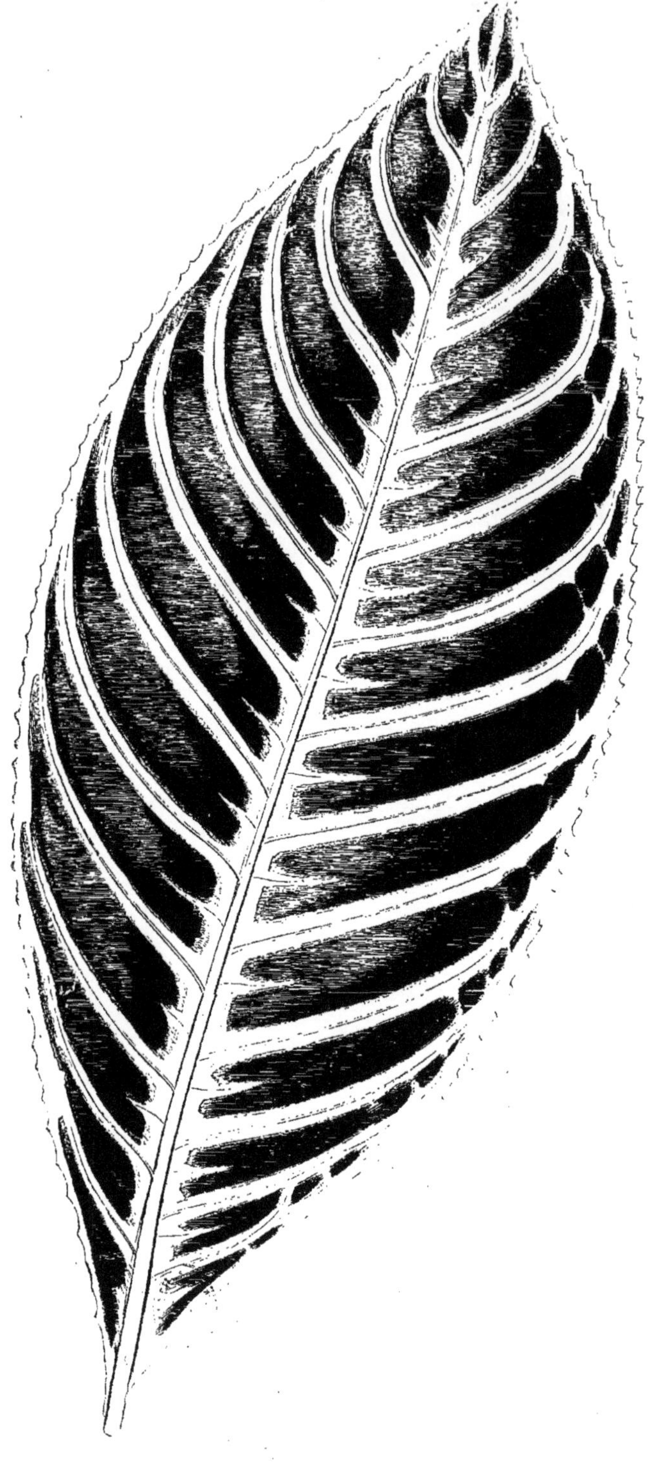

J. Rothschild, Editeur.

SANCHEZIA NOBILIS.

XLVII

SANCHEZIA NOBILIS.

SANCHÉZIE NOBLE. (Pl. 47.)

— ACANTHACÉES. —

La plante que nous représentons a, depuis son apparition dans nos serres, attiré l'admiration des amateurs par l'élégance de la panachure de ses feuilles, le nombre et la beauté de ses fleurs. Elle a été découverte dans la République de l'Equateur, et fut dédiée à J. Sanchez, botaniste espagnol, mort dans les premières années de ce siècle.

Cette Sanchézie atteint environ 1 mètre de hauteur; sa tige est robuste, frutiqueuse à la base, quadrangulaire, ainsi que ses rameaux, qui sont opposés, succulents; chaque angle est séparé par un sillon. Les feuilles, opposées, mesurant 26 et 30 centimètres de longueur, sur un diamètre proportionné, sont oblongues-lancéolées, atténuées en un large pétiole et acuminées-obtuses au sommet. Le tissu en est épais, coriace, les bords légèrement crénelés, la nervation régulièrement pennée; la nervure médiane et les latérales sont largement et élégamment bordées de jaune plus ou moins foncé, selon l'âge, et la première dans la jeunesse est lignée de pourpre.

Les fleurs, d'un beau jaune orangé, sont disposées en grandes panicules terminales, dont les pédicelles, portant chacun d'amples bractées cramoisies, entourent huit ou dix fleurs longuement tubulées, à limbe oblique et révoluté, d'où sortent les deux étamines fertiles et le style.

Par la description sommaire mais exacte qui précède, on voit que la Sanchézie noble, nom bien mérité, est l'un des plus beaux ornements de serre chaude. On la tiendra dans un riche mais léger compost, bien drainé, et on la multipliera très facilement de boutures faites à chaud et placées sous cloche, jusqu'à parfaite reprise.

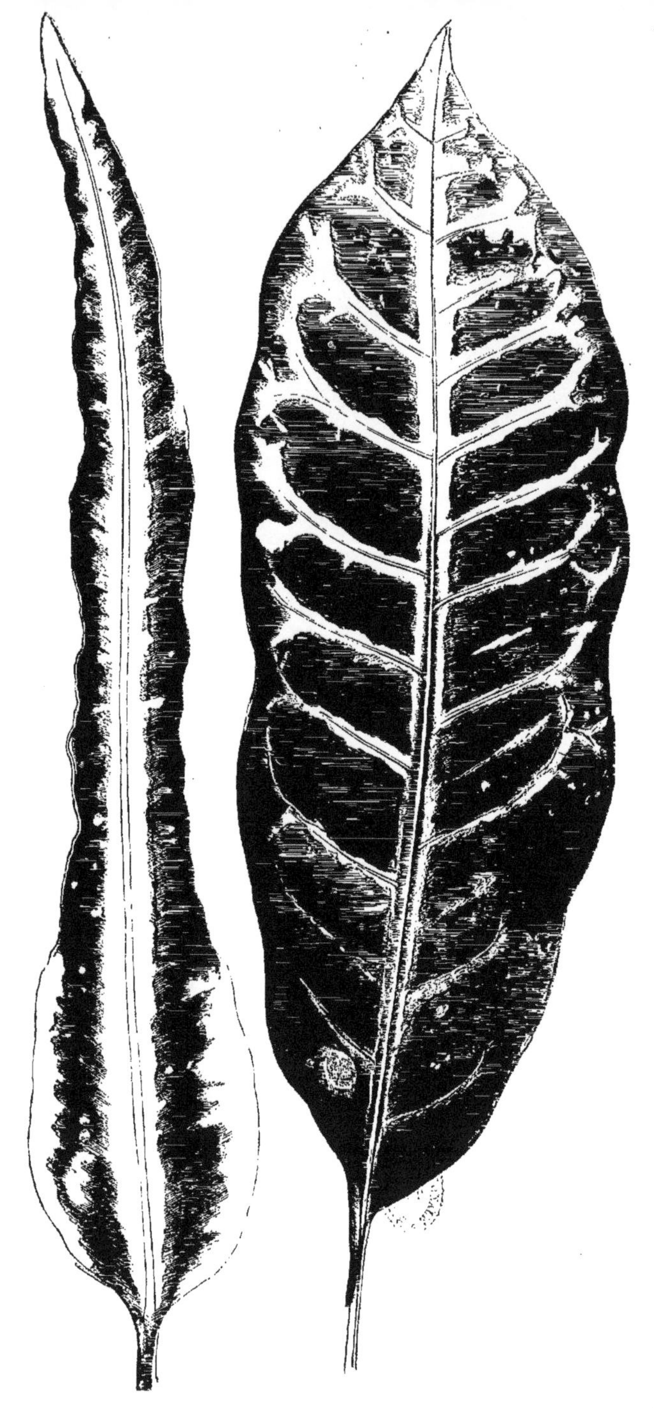

Les Plantes à Feuillage. J. Rothschild, Editeur.

CODIÆUM IRREGULARE. C. HILLIANUM.

XLVIII

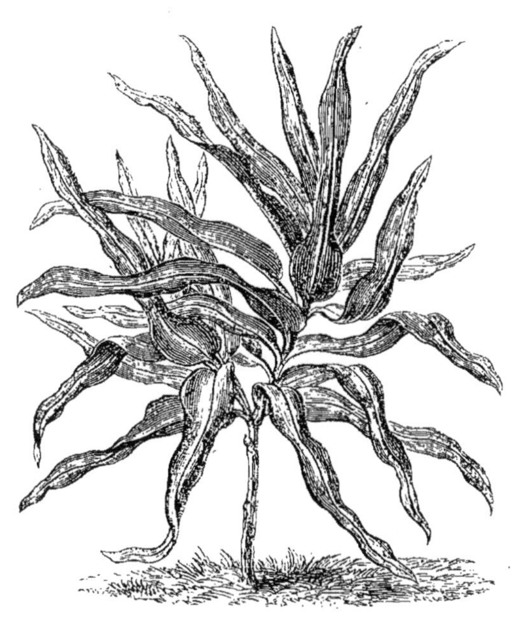

CODIÆUM IRREGULARE.

CODION A FEUILLE IRRÉGULIÈRE. (Pl. 48.)

— EUPHORBIACÉES. —

Le monde botanique et horticole sait combien de richesses végétales ont values à la science et à l'horticulture les fructueuses pérégrinations de M. J. G. Veitch, dans les archipels de l'Inde, de l'Océanie, etc. Parmi ces importations se trouvent vingt-huit variétés de *Codiæum* (type *C. variegatum*) décrites par notre savant confrère le docteur M. T. Masters, dans le *Gardener's Chronicle*. Elles diffèrent considérablement de formes et de dimensions foliaires, et toutes sont fort remarquables par des panachures diversicolores, tranchant sur le vert brillant du fond.

Les deux feuilles représentées dans la planche ci-contre et

appartenant à deux variétés différentes prouvent suffisamment la justesse de nos assertions. Ainsi le *Codiæum irregulare* présente des feuilles tellement variées de forme et d'attitude, que pas une peut-être ne ressemble exactement à l'autre. En général, elles sont oblongues, allongées, plus ou moins élargies à la base ; la nervure centrale est largement bordée de jaune d'or, couleur qui reparaît sur les bords de la base, tandis que le fond vert est piqueté çà et là de petites macules concolores. Leurs dimensions sont de 20 à 35 centimètres. Leur attitude est aussi variable que leur coloris ; elles sont pendantes, dressées ou arquées, etc.

Toutes les variétés de *Codiæum* (*Croton* ici n'est pas correct et s'applique à un tout autre genre de plantes) sont de beaux et élégants arbrisseaux, plus ou moins élevés, à feuilles persistantes ; leurs fleurs sont assez insignifiantes sous le rapport ornemental. Le nom générique est, selon Rumph, une altération du nom vernaculaire *Codiho*, que les indigènes donnent à ces sortes d'arbres.

Elles exigent une assez forte chaleur et, autant que possible, une vive lumière ; multiplication par boutures coupées pendant la jeunesse et aux articulations ; sol riche et bien drainé.

CODIÆUM HILLIANUM.

CODION DE HILL. (Pl. 48.)

— EUPHORBIACÉES. —

C'est une des plus splendides variétés par le triple et vif coloris de ses feuilles, dont les nervures sont à la fois jaune d'or et pourpre vif, tandis que çà et là de petites macules cramoisies sont disséminées entre elles ; le tout ressortant vivement sur un fond vert sombre. Les feuilles sont lancéolées, spatulées, longues de 15 à 16 centimètres.

Vive lumière dans la serre, si l'on veut jouir de toute l'intensité de leur beau coloris.

Les Plantes à Feuillage. J. Rothschild, Éditeur.

CYPRIPEDIUM CONCOLOR.

XLIX

CYPRIPEDIUM CONCOLOR.

SOULIER DE VÉNUS A FLEUR CONCOLORE. (PL. 49.)

— ORCHIDACÉES. —

Les espèces du genre *Cypripedium* (*Cypris*, surnom de Vénus (île de Chypre, où elle était honorée), *pedium* (*Podion*), sorte de chaussure, allusion à la forme du labelle dans ces plantes) sont assez nombreuses dans les jardins, et il n'est personne qui ne soit frappé de la singulière conformation du segment, qui chez toutes affecte la forme d'une chaussure. Elles se distinguent aisément les unes des autres par les feuilles unicolores ou discolores, ou diversement panachées ; par le coloris des fleurs, où, sous ce rapport, le libelle diffère généralement des autres segments, etc.

Celle dont nous nous occupons ici est une des plus distinctes; elle a été découverte sur des roches calcaires, dans le Moulmein (Inde) par le révérend Parish, qui l'envoya en Angleterre.

Les feuilles, assez nombreuses, compactes-imbriquées, embrassantes en spirale à la base, sont oblongues-obtuses, carénées en dessous, coriaces. En dessus elles sont d'un vert sombre, sur lequel tranche une panachure assez variable de forme et de coloris, comme chez le *Phalænopsis Schilleriana;* en effet, tantôt c'est une granulation (petits points) blanchâtre en lignes irrégulières, tantôt un réseau dédaléen, vert foncé ou rougeâtre sombre sur un fond vert gai. En dessous elles sont d'un pourpre obscur, finement granulées-lignées de plus foncé.

Les fleurs, d'un jaune pâle uniforme, sont finement pointillées de pourpre.

On la cultivera en serre chaude, dans une terre très légère (bruyère, terreau de feuilles), tenue légèrement humide; on la reproduit assez facilement par la séparation des rejetons, en s'assurant d'abord que ceux-ci vivent déjà sur leurs propres racines; on les plante et on les couvre d'une cloche jusqu'à parfaite reprise.

Les Plantes à Feuillage. J. Rothschild, Editeur.

ACALYPHA TRICOLOR.
L

ACALYPHA TRICOLOR.

RICINELLE A FEUILLE TRICOLORE. (Pl. 50.)

— EUPHORBIACÉES. —

A l'exception peut-être de l'espèce dont nous parlons, aucune autre dans ce genre ne présente par la brillante panachure des feuilles un caractère vraiment ornemental.

Elle fut découverte dans la colonie française de la Nouvelle-Calédonie par M. John G. Veitch, qui, dans ses nombreuses et surtout fructueuses explorations dans l'Inde, dans les archipels, etc., et dans l'Amérique du Sud, a tant contribué à enrichir nos jardins de nouveautés précieuses, et pour la science et pour l'horticulture.

L'*Acalypha tricolor* constitue un arbrisseau peu élevé, assez touffu, à rameaux grêles, à grandes feuilles ovées, assez longuement acuminées, fortement dentées aux bords; sur le fond supérieur, d'une teinte métallique sombre, cuivrée, existent d'amples macules irrégulières, et une ponctuation d'un rouge vif cramoisi.

Elle exige la serre chaude, une terre à la fois forte et légère; on la multipliera par le bouturage des jeunes rameaux, opéré sur couche chaude, sous cloche, et entouré de tous les soins usités en pareil cas.

J. Rothschild, Editeur.

BEGONIA FALCIFOLIA.

LI

BEGONIA FALCIFOLIA.

BÉGONIE A FEUILLE EN FORME DE FAUX. (Pl. 51.)

— BÉGONIACÉES. —

Nos collections sont redevables de la charmante espèce dont il s'agit aux investigations de feu Richard Pearce, qui la découvrit dans le Pérou, d'où il l'envoya à MM. Veitch.

Ses tiges, s'élevant de 40 à 50 centimètres environ, sont glabres, cylindriques, articulées et zigzaguées, assez bien ramifiées; ses feuilles, pétiolées, longues de 15 à 18 centimètres, sont étroitement lancéolées et falciformes (en forme de faux), inégalement cordiformes à la base (côtés inégaux, comme le sont généralement ceux des feuilles des Bégonies), peu à peu rétrécies, acuminées et très aiguës au sommet, obscurément lobulées et deux ou trois fois dentées aux bords, enfin pendantes. La face inférieure est d'un lilas pourpré; la supérieure, d'un beau vert lustré et chatoyant, légèrement poilue, est criblée de petits points blancs d'argent mat, tournant plus tard au rougeâtre.

Les fleurs sont fort nombreuses et d'un beau rose (ovaire et pétales; ceux-ci seulement au nombre de deux). Elles sont disposées par six, huit et dix, en petites panicules axillaires, pendantes et situées vers le sommet des rameaux.

Les lecteurs trouveront, dans les descriptions précédentes de plusieurs Bégonies, des notions suffisantes pour la culture de ces plantes. Rappelons seulement ici que, l'hiver, elles réclament l'abri d'une serre chaude et la serre tempérée en été; la multiplication des espèces caulescentes est très facile par la section des articulations, tandis que celle des espèces rampantes s'opère par la division des rhizomes.

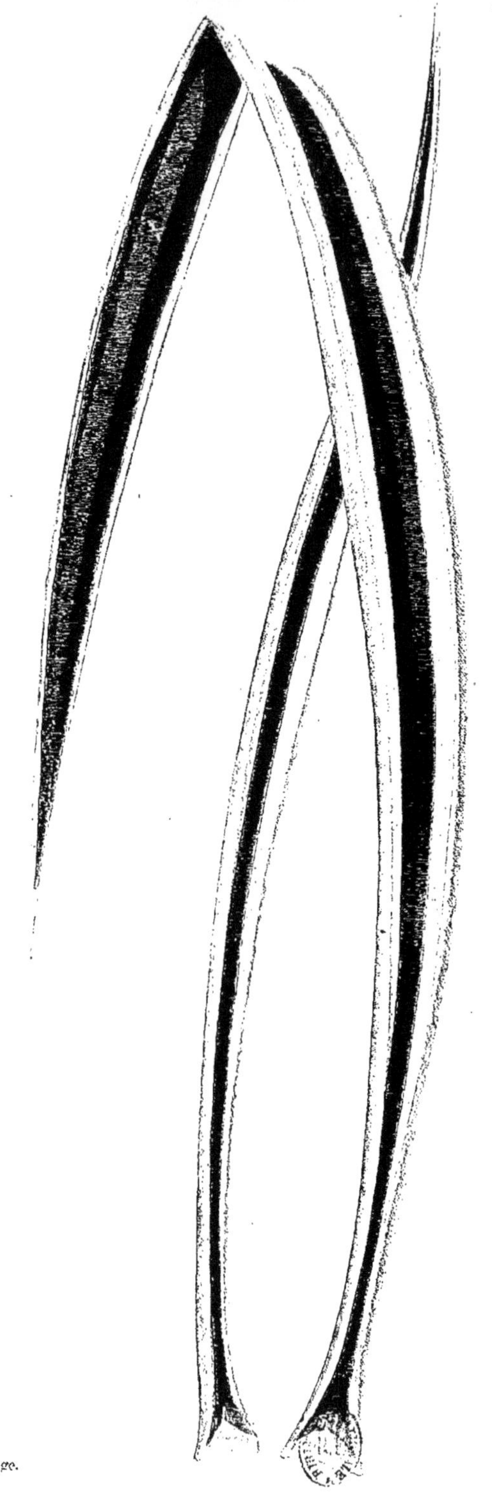

Les Plantes à Feuillage.

J. Rothschild, Editeur.

YUCCA ALOEFOLIA VARIEGATA.

LII

YUCCA ALOIFOLIA VARIEGATA

YUCCA A FEUILLE D'ALOÈ PANACHÉE. (PL. 52.)

— LILIACÉES ET ALOÉES. —

Il n'est pas un amateur qui ne connaisse et ne possède quelques *Yucca*, *Beaucarnea*, *Dasylirium*, *Agave*, etc., toutes plantes d'un si grand effet ornemental et pittoresque dans les jardins, sur les perrons, les terrasses, les piliers, etc. Plusieurs espèces d'Yuccas, aux magnifiques inflorescences, aux très grandes fleurs, peuvent braver nos intempéries septentrionales à l'air libre; les feuilles de celles qu'il faut rentrer en serre froide pendant l'hiver (les *aloifolia)*, sont linéaires, très étroites, rigides et terminées par un aiguillon fort aigu; de là sans doute le nom d'*aiguille d'Adam* (*Adam's Needle*) que les Anglais donnent à ces feuilles; *Youca* est, dit-on, un nom caraïbe.

La variété dont nous donnons ci-contre la figure appartient aux types dits *tricolor* ou *quadricolor*. Elle est extrêmement remarquable par la belle bordure rose de ses feuilles, la large bande blanchâtre qui de chaque côté la sépare de la médiane, qui, elle, est d'un beau vert.

Tous les *Yucca aloifolia*, atteignant une assez haute taille, se ramifient peu et fleurissent assez souvent. Leurs énormes panicules florales portent de très grandes fleurs pendantes (en forme de cloche), blanches, souvent lavées de rose et quelquefois odorantes. Comme ils poussent assez rarement des rejetons soit à leur base, soit sur leurs troncs, il faut, si l'on ne peut faire autrement, pour les multiplier, leur couper la tête, bouturer celle-ci, en en réduisant toutes les feuilles, du milieu jusque près du sommet, à la moitié de leur longueur, et toutes celles de la base jusque près de la partie pétiolaire; planter ensuite sous une cage de verre et sur couche chaude.

Les Plantes à Feuillage. J. Rothschild, Editeur.

AUCUBA JAPONICA AUREO-MACULATA.

LIII

AUCUBA JAPONICA, VAR. AUREO MACULATA

AUCUBA DU JAPON A FEUILLE MACULÉE DE JAUNE D'OR. (PL. 53.)

— CORNACÉES. —

Quelques mots sur l'histoire d'une plante qui occupe dans nos jardins une place aussi importante, ne paraissent pas déplacés ici.

D'abord Engelbert Kæmpfer la découvrit et la fit connaître dès 1690-1692, etc. Ensuite l'introduction dans les jardins de la variété à feuille ponctuée de jaune date de 1783. Enfin, pendant près d'un siècle on n'en connut pas le type à feuille verte (à fleur mâle), et l'honneur de sa découverte et de son introduction était réservé à R. Fortune, heureux explorateur, après Siebold, de cette terre japonaise qui nous a fourni l'*Aucuba* à feuille immaculée.

Du rapprochement des deux sexes devait nécessairement (en Europe) résulter une fécondation si longtemps désirée; et par cette heureuse circonstance on a pu voir que, outre les panachures si variées de ses feuilles, l'arbrisseau offrait encore aux amateurs un grand attrait par le vif coloris corail de ses nombreux fruits. Est-il besoin d'ajouter que l'individu femelle, en fruits, a causé dans le monde horticole une immense sensation, et qu'il est aujourd'hui un des arbrisseaux les plus populaires?

Il est prouvé que, multiplié par semis, ce bel arbrisseau varie considérablement, non seulement dans la dentelure des feuilles, mais surtout dans la panachure de celles-ci. En donner ici une description serait tout à fait superflu, tant il est répandu dans tous les jardins, où il constitue un buisson compact, ramifié dès l'extrême base.

On le multiplie avec facilité ou par semis, ou en séparant les drageons qu'il produit du pied, et qu'on traite à l'automne comme autant de pieds mères.

Assez indifférent sur la qualité du terrain, il préfère toutefois un sol frais et profond.

Les Plantes à Feuillage.

J. Rothschild, Editeur.

CINERARIA MARITIMA FAIRBAIRNIANUM.

LIV

CINERARIA MARITIMA FAIRBAIRNIANUM.

CINÉRAIRE MARITIME DE FAIRBAIRN. (PL. 54.)

— SYNANTHÉRÉES. —

Le *Cineraria maritima* abonde sur le littoral méditerranéen; on le cultive dans les jardins pour la beauté de son feuillage blanc-velouté, et on en fait de charmantes bordures. Il est suffrutescent, et peut s'élever jusqu'à 60 centimètres et plus. Il craint le froid, surtout la belle variété dont nous allons parler.

Celle-ci, d'une élégance foliaire remarquable par sa triple coloration verte, jaune et blanche, a été gagnée de semis par G. Fairbairn, jardinier du duc de Northumberland. Comme chez le type, les feuilles en sont très profondément pennatifides; les capitules (fleurs) sont nombreux, d'un beau jaune et disposés en corymbes terminaux.

Si on la cultive isolément, on lui laissera acquérir tout le développement dont elle est susceptible; mais si on veut en faire des bordures, on devra à l'automne planter les boutures dans un lit de terreau sous châssis froids et sur une couche tiède (par exemple sur celle qui aura servi à la culture des melons), en pincer les sommets pour les faire ramifier et former de belles touffes; enfin mettre en place vers la fin d'avril. Ainsi élevé, chaque plant, plus tard bien buissonnant, ne dépassera pas 25 à 30 centimètres; mais la floraison sera sacrifiée à la beauté générale.

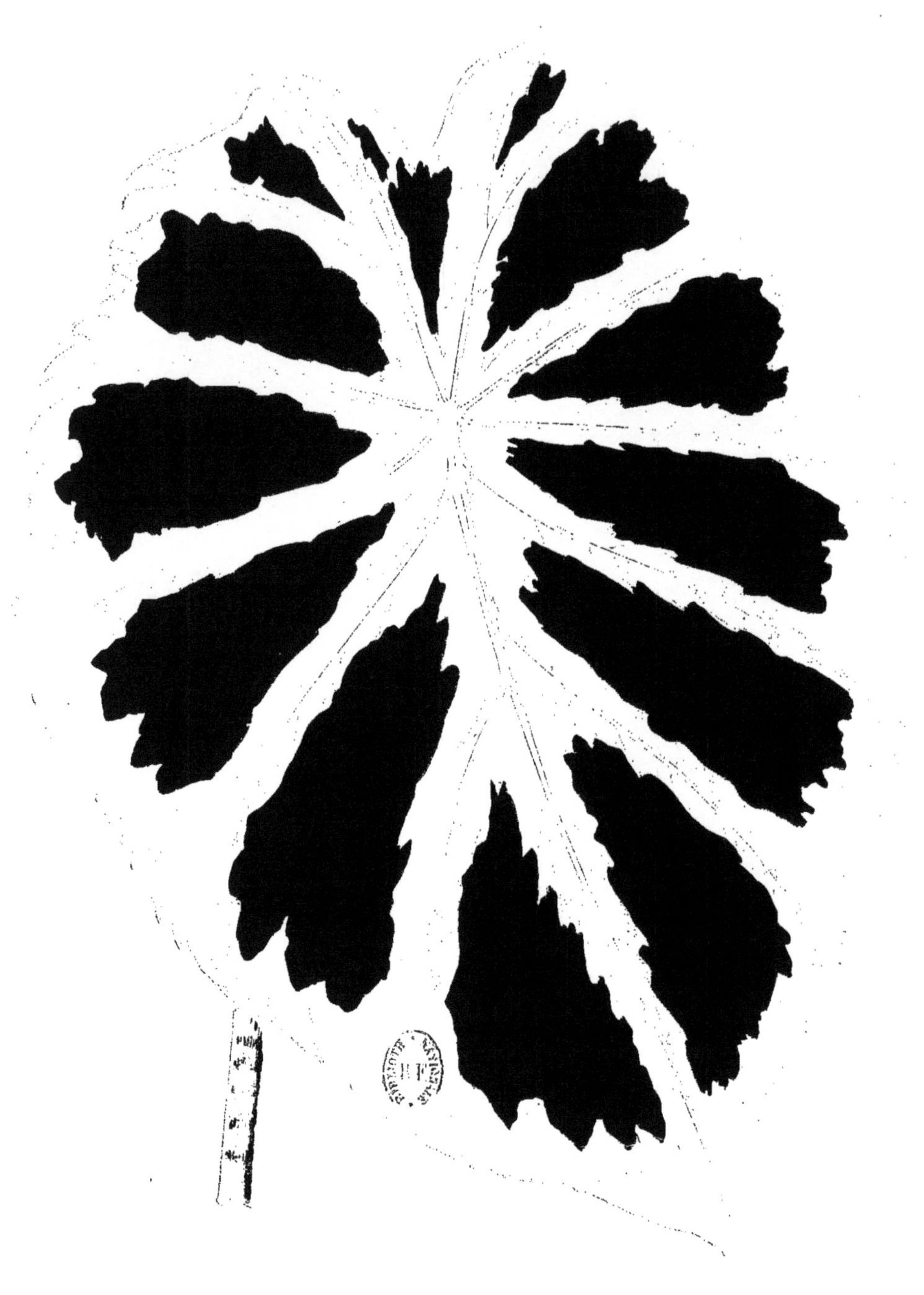

Les Plantes à Feuillage.

J. Rothschild, Éditeur.

ALOCASIA JENNINGSII.

LV

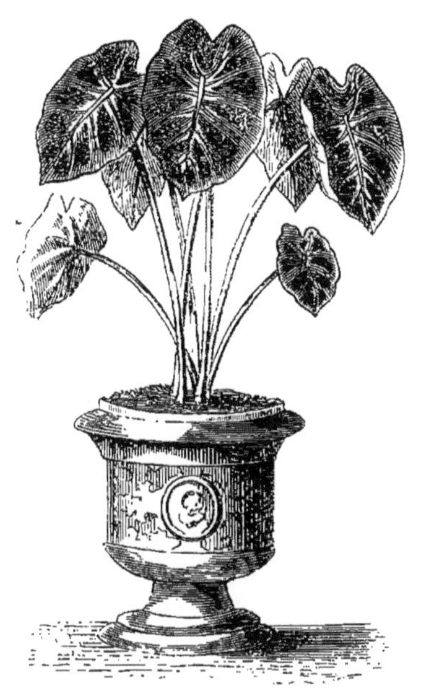

ALOCASIA JENNINGSII.

ALOCASE DE JENNINGS. (Pl. 55.)

— AROÏDÉES. —

La famille des Aroïdées, en tant que végétaux exotiques, a le privilège d'enrichir nos serres chaudes d'admirables plantes dont les panachures foliaires naturelles captivent à l'envi l'attention des amateurs.

Celle dont nous nous occupons ici justifie cette assertion. Elle n'émet point de tige; ses feuilles, radicales, sont largement ovées, brièvement acuminées au sommet, cordiformes-échancrées à la base, au-dessous de laquelle elles sont soutenues par les pétioles (donc *peltées*, comme on dit en botanique); elles ont 16 à 21 centimètres de largeur sur 12 à 16 de diamètre. La face supérieure est d'un vert clair, sur lequel tranchent vivement les larges macules d'un brun noirâtre très sombre. Les pétioles eux-mêmes sont élégamment bariolés de brun sur vert clair.

Cette belle plante, introduite de l'Inde orientale, obtint partout un grand succès, ce qui a engagé l'éditeur de ce recueil à la faire figurer dans cet ouvrage en compagnie de plusieurs autres congénères et alliées, auxquelles elle ne sera point inférieure en beauté foliaire.

Elle exige la protection d'une serre chaude : le vase dans lequel on la plantera sera plus large que profond, rempli d'un compost à la fois riche et léger (un tiers terre de bruyère ou mieux de terreau de feuilles bien consommé ; un tiers terreau de fumier, mi-partie sable fin ; un tiers de terre franche, le tout bien mélangé et reposant sur un bon drainage). La multiplication a lieu par la séparation des œilletons, qui se produisent à la base et que l'on sépare du rhizome lorsque la plante se dispose au repos ; arrosements modérés, à peu près nuls dans ce dernier cas.

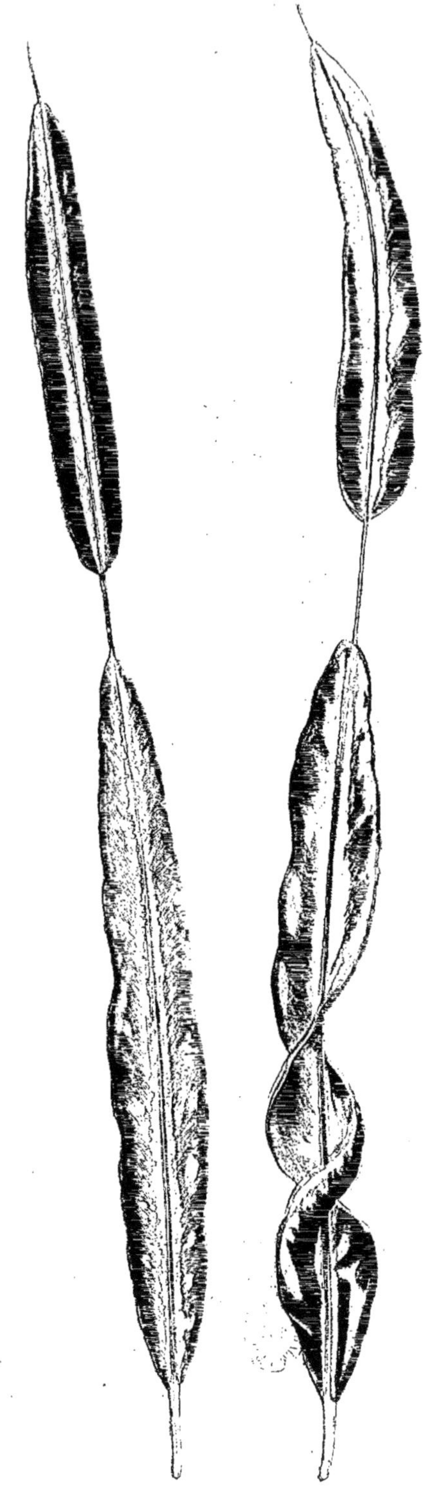

J. Rothschild, Editeur.

CODIÆUM INTERRUPTUM.

LVI

CODIÆUM INTERRUPTUM.

CODION INTERROMPUE (FEUILLE). (PL. 56.)

— EUPHORBIACÉES. —

Voici, sinon la plus belle, du moins la plus singulière des vingt-huit variétés de *Codiæum* que nous avons annoncées; ajoutons que la bizarrerie de ses formes foliaires si curieuses n'en exclut pas le beau et vif coloris.

Les pétioles, longs d'environ 5 centimètres, portent des feuilles entièrement hétéromorphes (c'est-à-dire de formes différentes), linéaires et lancéolées, longues de 25 à 30 centimètres sur un diamètre de 2 1/2 dans les parties les plus larges, et élégamment recourbées pendantes. Une fois au moins, dans sa longueur, le limbe se réduit à la nervure médiane, pour reprendre plus loin sa forme normale; outre ce resserrement, il se tourne sur lui-même en un ou deux tours de spire.

Au sommet il se termine par un prolongement nu ayant la forme d'une main, d'une sorte de petite *ascidie* ou cruche (comme dans le *Nepenthes*), ou d'une selle renversée.

La nervure centrale est d'un rouge vif, bordé de jaune d'or; de petites macules arrondies, disséminées çà et là, sont du même rouge que les bords gracieusement ondulés.

On peut juger par ces quelques mots si cette plante est digne de tout l'intérêt des amateurs, même des botanistes, et, comme nous venons de le dire, si son coloris vif et varié ajoute encore à sa distinction.

La culture et la multiplication sont les mêmes que celles du *Codiæum irregulare* (pl. 48).

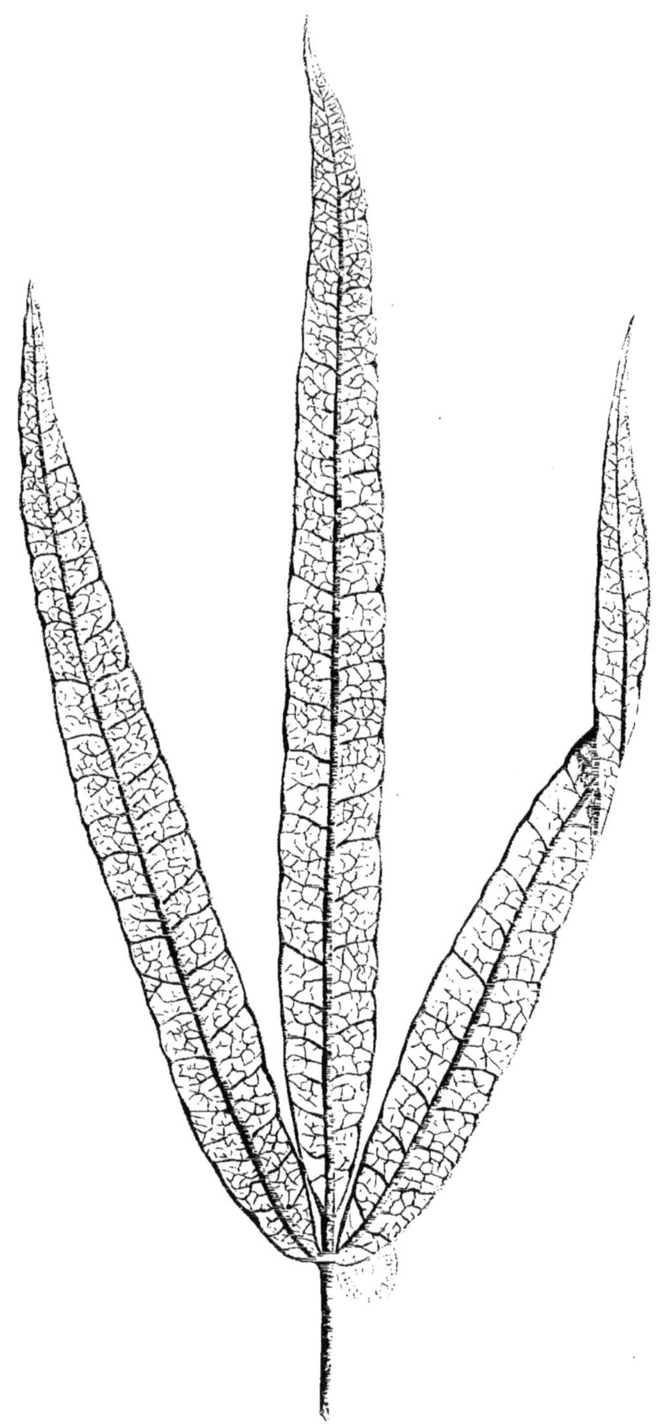

Les Plantes à Feuillage. J. Rothschild, Editeur.

TERMINALIA ELEGANS.

LVII

TERMINALIA ELEGANS.

BADAMIER ÉLÉGANT. (Pl. 57.)

— COMBRÉTACÉES. —

Le *Terminalia elegans* est originaire, dit-on, de Madagascar. Son port élégant, même dans un âge peu avancé, son magnifique feuillage vernissé, réticulé de brun sombre sur vert clair, avec une nervure centrale d'un rouge vif, en font une des plus belles plantes à feuillage ornemental.

Son habitat indique sa place dans une serre à température élevée et humide ; sa multiplication est par ces causes assez difficile. On ne peut guère l'effectuer que par le bouturage des ramules, coupés au point d'insertion, plantés isolément dans de petits godets, sur couche chaude et sous cloche, avec tous les soins usités en pareil cas; soins dont sera bien dédommagé le cultivateur par la réussite et la beauté future des jeunes sujets.

Les Plantes à Feuillage. J. Rothschild, Editeur.

ABUTILON THOMPSONI.

LVIII

ABUTILON THOMPSONI.

ABUTILON DE THOMPSON. (PL. 58.)

— MALVACÉES. —

Cet Abutilon (*Abutilon* était chez les Grecs le nom d'une plante aujourd'hui indéterminée ; ce nom a été ressuscité par Gærtner) serait, selon l'opinion d'horticulteurs expérimentés, une variété à feuilles panachées de l'*Abutilon striatum*, jadis si populaire dans les jardins, dont il est aujourd'hui à peu près disparu ; et cette opinion nous semble correcte, bien que ce dernier soit originaire du Brésil, et que la variété en question ait été introduite récemment de la Jamaïque en Europe.

La variété diffère du type par l'élégante panachure blanc de crème et ambre, disposée souvent en mosaïque et diversement teintée, qui orne la surface des feuilles, dont le fond est vert clair. Comme le type, ses fleurs, portées par de très longs pédoncules axillaires, solitaires et pendants, sont très élégantes par leur forme globuleuse-campanulée, et d'un beau jaune orangé, veiné de cramoisi. C'est un arbrisseau très peu élevé, à rameaux grêles, dressés, à feuilles trois-cinq-lobées, dentées, longuement pétiolées, cordiformes à la base ; lobes acuminés.

Bien qu'introduit d'une contrée aussi chaude que la Jamaïque, cet *Abutilon* se contente parfaitement en France de l'abri d'une bonne serre tempérée pendant l'hiver. Là, il sera beaucoup moins sujet aux attaques des acarus, qui infestent ordinairement ces sortes de plantes et en détruisent l'épiderme.

Cette espèce réussit très bien plantée à mi-ombre, au plein air pendant la belle saison, dans un compost à la fois riche et léger (dont deux tiers terre de bruyère ou de feuilles, un tiers de terre franche) ; un bon drainage. Multiplication facile par le bouturage des jeunes rameaux, sous cloche et sur couche tiède.

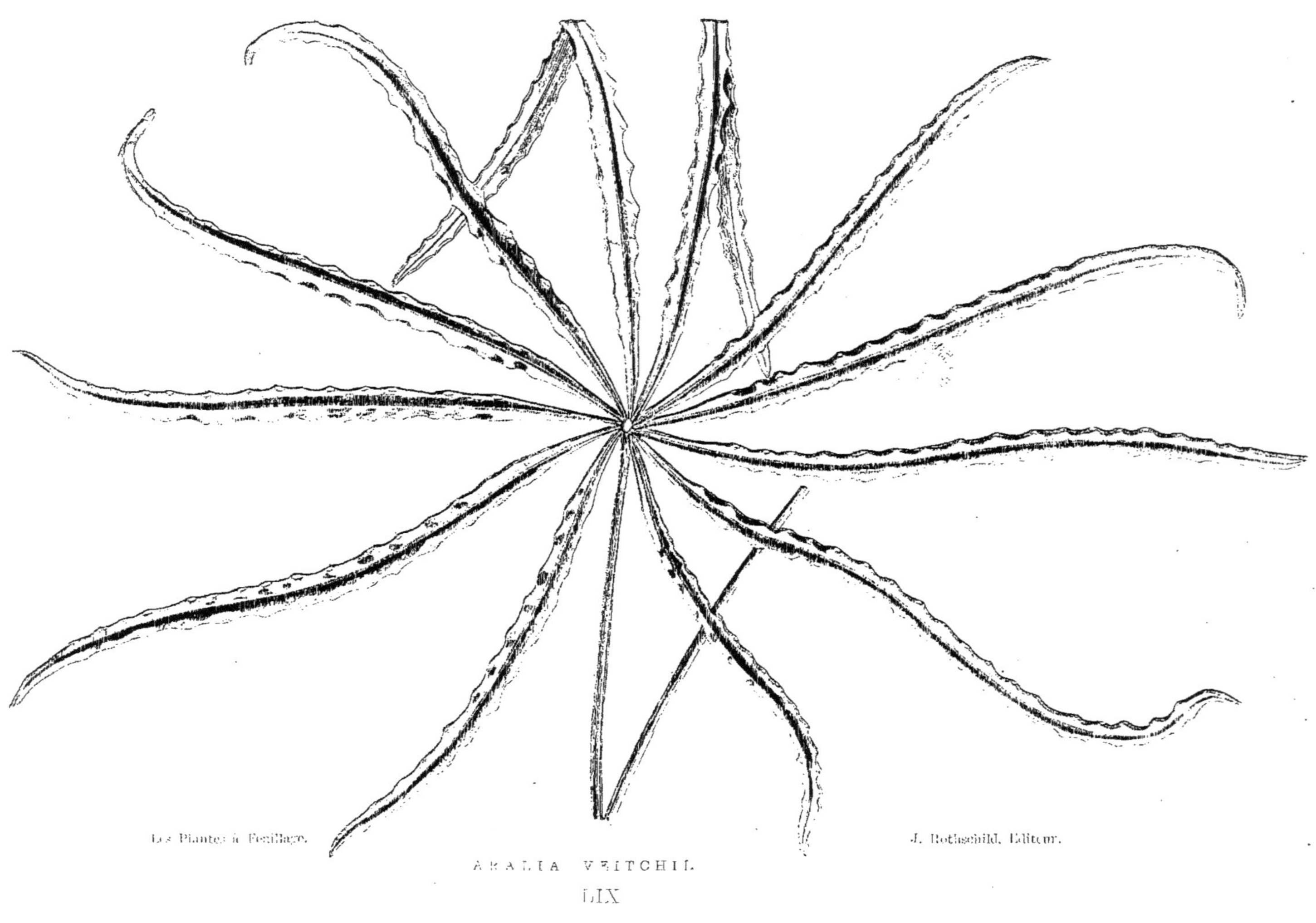

Les Plantes à Feuillage. J. Rothschild, Editeur.

ARALIA VEITCHII.

LIX

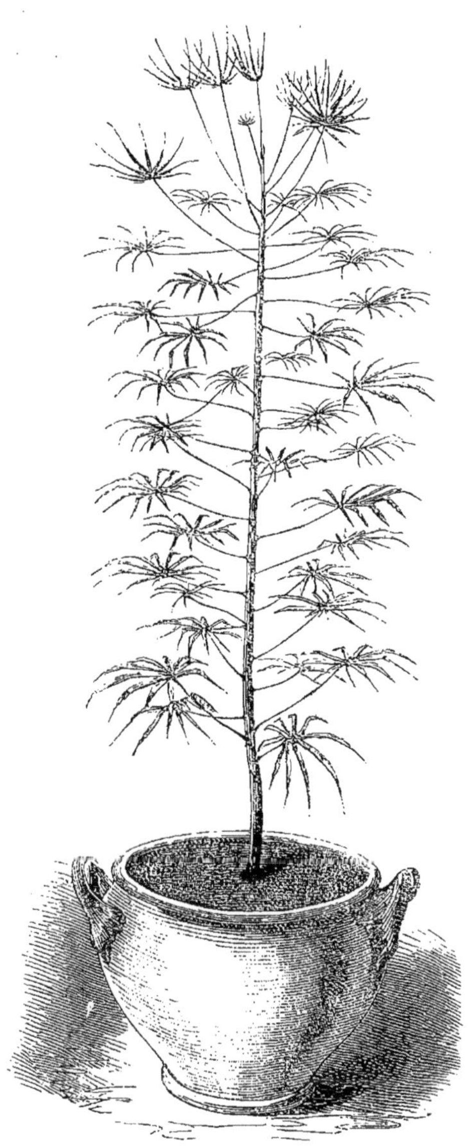

ARALIA VEITCHII.

ARALE DE VEITCH. (PL. 59.)

— ARALIACÉES. —

L'*Aralia Veitchii* est une des nombreuses découvertes de John G. Veitch, qui l'a introduit en Europe. Présenté à diverses expositions, tant en Angleterre que sur le continent, il a fixé l'attention des amateurs par son port élancé, ses rameaux allongés, terminés par une belle couronne de grandes feuilles palmées longuement panachées de jaune ou de blanchâtre. Comme la généralité de ses congénères, il se contente de l'abri de la serre tempérée, où pendant toute la mauvaise saison il produira un bel effet par son feuillage panaché. En été, planté à mi-ombre, en plein air, ce sera un des plus beaux ornements du jardin.

On le multipliera aisément par le bouturage des jeunes rameaux, opéré en été sur couche tiède et sous cloche. Terre à la fois riche et légère ; arrosements modérés.

BRASSICA SINENSIS, VAR.

LX

BRASSICA SINENSIS, VAR. CRISPATA

CHOU DE LA CHINE A FEUILLE CRISPÉE. (PL. 60.)

— CRUCIFÈRES. —

Nous ne pouvons mieux terminer cette publication qu'en figurant quelques variétés de choux, qui forment pendant l'hiver les plus belles, nous dirons les seules plantes à feuillage ornemental de nos parcs et jardins.

Nous reproduisons, d'après les *Plantes à feuillage ornemental*, celles qui sont panachées de rouge, de vert, de blanc, frisées, gaufrées, tuyautées, vernies et satinées. Les plus jolies, représentées sur les gravures en chromo et sur bois, peuvent se dénommer ainsi :

1. Chou lacinié vert noir.
2. Chou glacé bullé vert.
3. Chou frangé à nervures violettes.
4. Chou glacé, gaufré, à nervures blanches.

Elles défient nos plus rudes hivers, et sous la neige et les glaçons elles ressemblent à de jolis petits palmiers multicolores.

On les sème au printemps pour les avoir forts et bien colorés l'hiver suivant. Terre meuble et fumée.

FIN DE L'OUVRAGE.

TABLE DU TOME SECOND

FIN DE L'OUVRAGE

Strasbourg, typ. G. Fischbach. — 885.

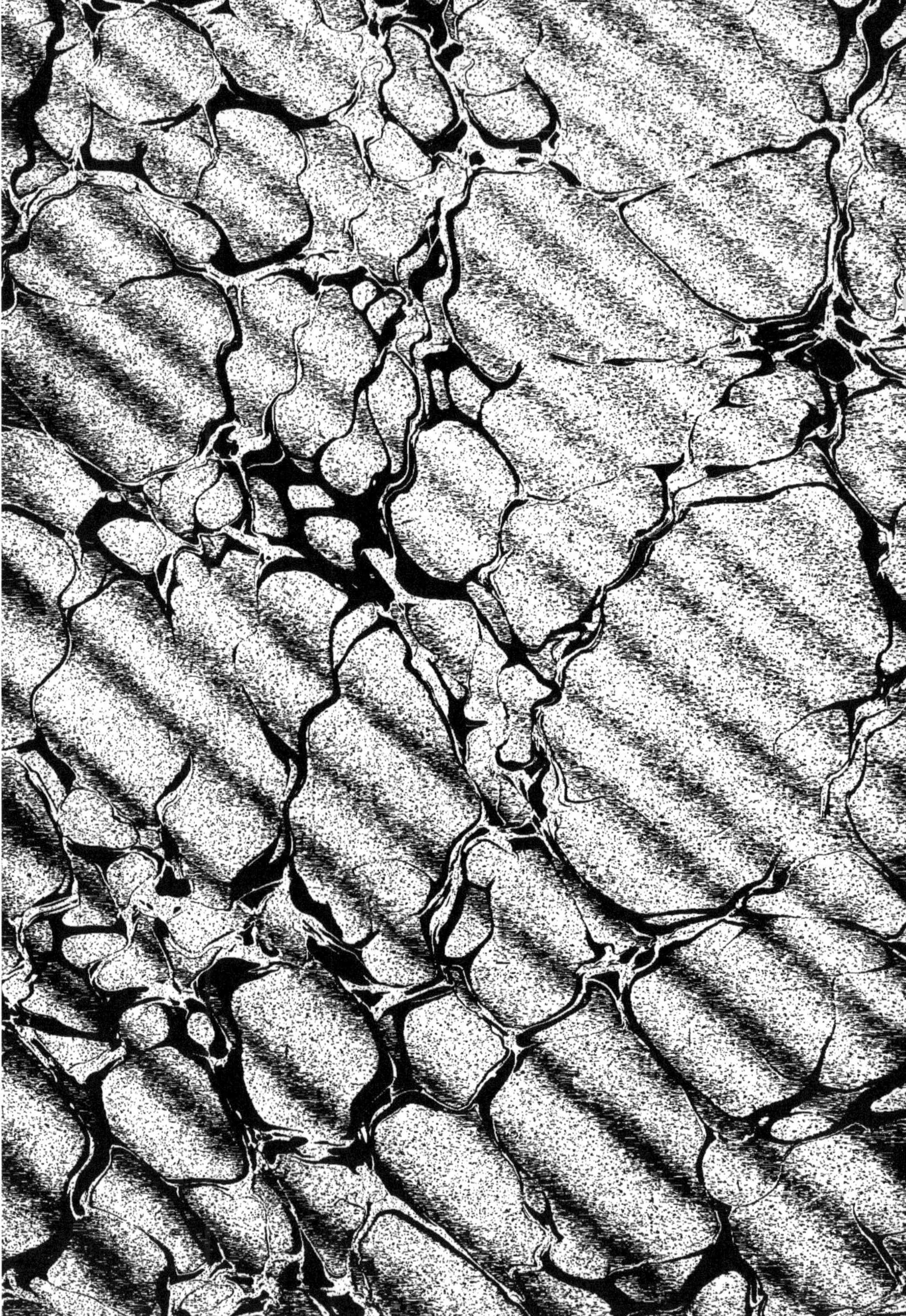

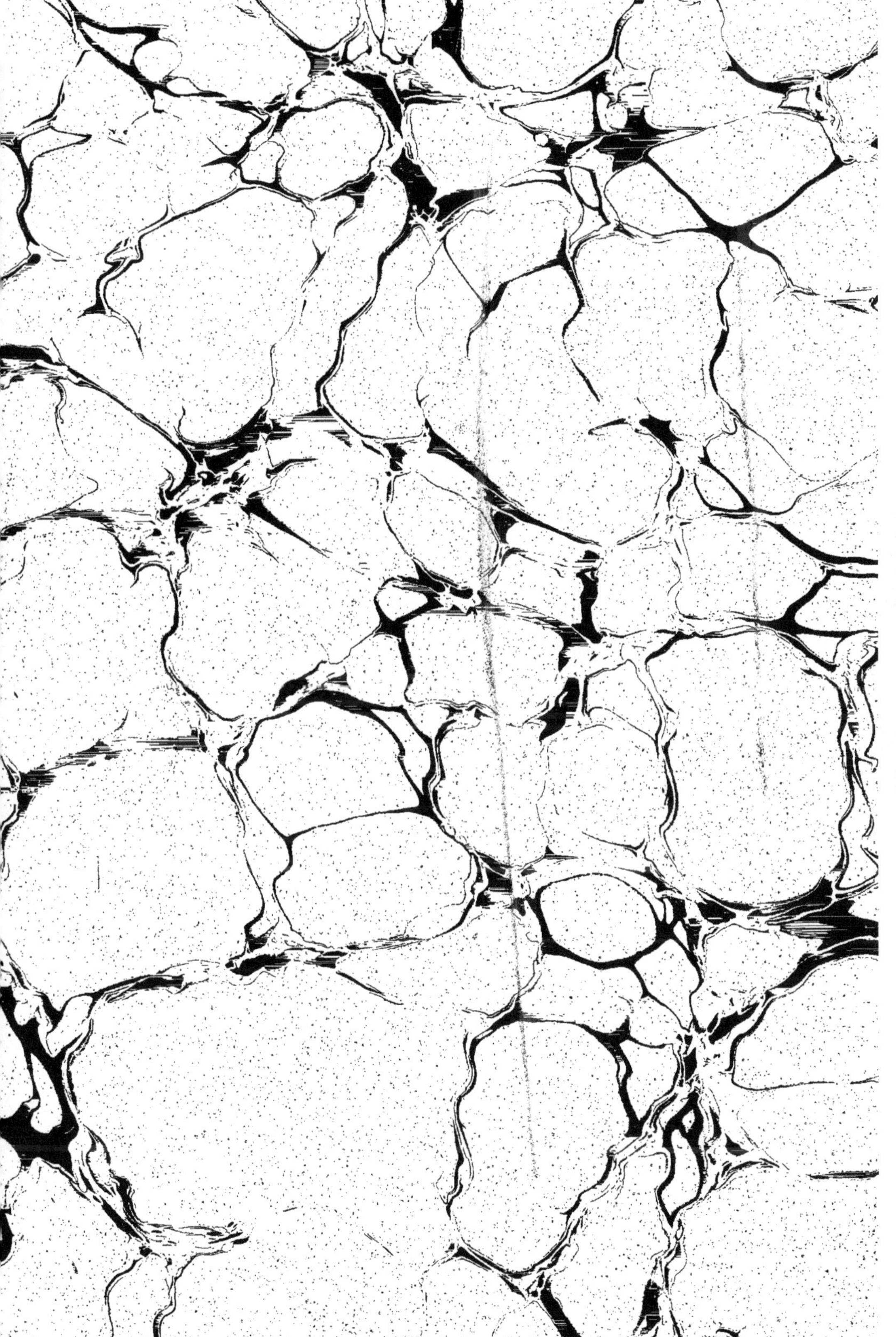

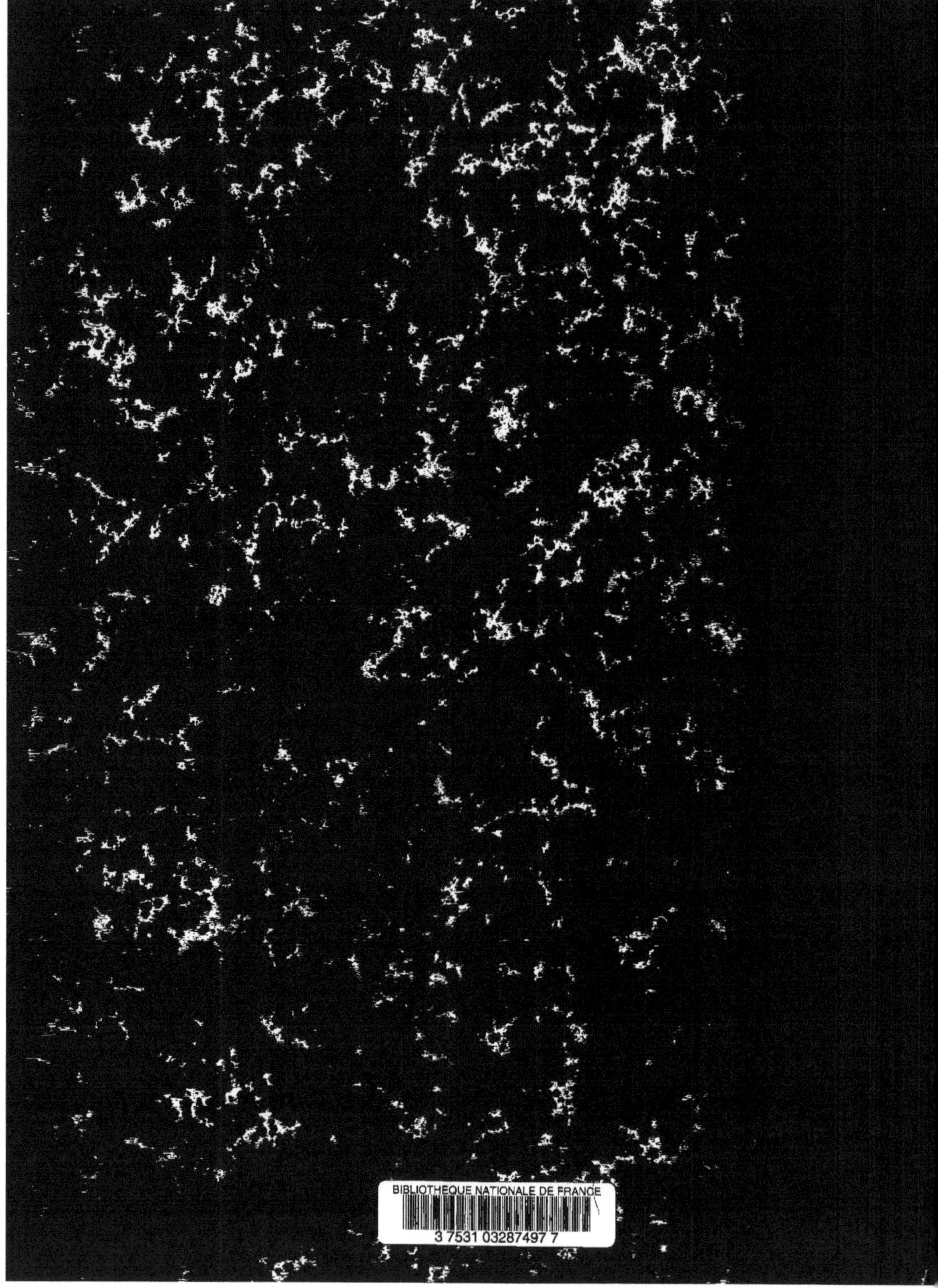

www.ingramcontent.com/pod-product-compliance
Ingram Content Group UK Ltd.
Pitfield, Milton Keynes, MK11 3LW, UK
UKHW020208250726
13967UKWH00003B/1337